“中央高校基本科研业务费专项资金（2017MS135）”
“国家自然科学基金（21305043）”资助

模式识别方法及其在复杂体系中的应用

李艳坤 庞佳烽 马昕鹏 编著

燕山大学出版社
2020·秦皇岛

图书在版编目（CIP）数据

模式识别方法及其在复杂体系中的应用 / 李艳坤，庞佳烽，马昕鹏编著. —秦皇岛：燕山大学出版社，2020.3
ISBN 978-7-81142-797-4

Ⅰ.①模… Ⅱ.①李…②庞…③马… Ⅲ.①模式识别－研究 Ⅳ.①O235

中国版本图书馆 CIP 数据核字（2018）第 297171 号

模式识别方法及其在复杂体系中的应用

李艳坤 庞佳烽 马昕鹏 编著

出 版 人：陈 玉
责任编辑：孙志强
封面设计：吴 波
出版发行：燕山大学出版社 YANSHAN UNIVERSITY PRESS
地 址：河北省秦皇岛市河北大街西段 438 号
邮政编码：066004
电 话：0335-8387555
印 刷：北京建宏印刷有限公司
经 销：全国新华书店

开 本：889mm×1194mm 1/32 印 张：5.5 字 数：110 千字
版 次：2020 年 3 月第 1 版 印 次：2020 年 3 月第 1 次印刷
书 号：ISBN 978-7-81142-797-4
定 价：26.00 元

前　言

化学信息学作为化学与分析化学学科的一个分支，是一门化学与统计学、数学以及计算机科学交叉所产生的化学学科分支。化学信息学中的模式识别通过对表征事物或现象的各种形式的（包括数值的、文字的和逻辑关系的）信息进行处理和分析，来对事物或现象进行描述、辨认、分类和解释。模式识别也是人工智能领域的一个重要分支。

本书围绕复杂多组分体系分析这一现代分析科学实践中具有代表性的核心问题，主要阐述和讨论了化学模式识别研究过程中涉及的相关理论基础、方法、原理和实际应用。

本书分为理论方法篇与应用篇两个部分，共六章内容。其中，应用篇所涉及的化学模式识别研究方法和材料均为多年来笔者及团队的研究成果。这些研究成果系由国家自然科学基金项目、中央高校基本科研业务费项目资助而成。同时感谢已毕业硕士生曾祥超、王涵、贾明静对本书研究成果的贡献。

本书可为化学、环境、医药等体系分析中可能遇到的实际疑难问题提供解决的途径，能够为分析科学和化学信息学的研究和教学提供帮助。本书可作为分析工作者的参考书，亦可作为分析化学专业高年级本科生和研究生的教学参考书。

由于模式识别方法涵盖内容丰富，而且正处在快速发展的时期，受笔者水平所限，书中难免存在疏漏和错误，衷心希望能够得到同行的批评指正。

李艳坤

2019 年 8 月

目　录

第一部分　理论方法篇

第二部分　应用篇

第一部分

理论方法篇

第1章 综　　述

1.1 模式识别方法概述

模式所属的类别或同一类中的模式的总体称为模式类，其中个别具体的模式称为样本。模式识别（Pattern Recognition）一般来说是通过对具体的事物进行观测，从而得到具有时间与空间分布的信息，通过计算机自动地（或者人为进行少量干预）将待识别的模式进行分类并分配到各个模式类中的技术[1]。

模式识别通过对表征事物或现象的各种形式的（包括数值的、文字的和逻辑关系的）信息进行处理和分析，来对事物或现象进行描述、辨认、分类和解释，是在某些一定量度或观测基础上将待识别模式划分到各自的模式类中的技术[2]。模式识别能力存在于人和动物的认知系统，是人和动物获取外部环境知识，并与环境进行交互的基础。而我们现在通常所说的模式识别是指通过机器来实现模式识别的过程，它是人工智能领域的一个重要分支。模式识别的最终目的是制造出一个不需要人力来完成且能方便轻松地对复杂的任务进行分类识别的全自动机器信息处理系统，其中所包含的理论方法在很多科学领域中得到了应用。

模式识别过程主要包括以下几个步骤：信号预处理、模式分割、特征提取、模式分类、后处理。信号预处理是通过消除信号/图像/视频中的噪声来改善模式和背景间的可分离性；模式分割是将对象模式从背景分离或将多个模式分开；特征提取是从模式中提取表示该模式结构或性质的特征并用一个数据结构（通常为一个多维特征矢量）来表示；模式分类是在特征表示的基础上，采用分类器将模式判别为属于某个类别或赋予其属于某些类别的概率；后处理则是利用对象模式与周围模式的相关性验证模式类别的过程[3]。其中，模式分类是模式识别的主要任务和核心研究内容。分类器的设计是在训练样本集合上进行优化，例如使每一类样本的表达误差最小或是不同类别样本的分类误差最小的过程。

1.2 模式识别方法的发展

模式识别的概念来源比较早，在20世纪20年代，模式识别就已经开始作为一种方法出现在人们的视野中[4]。在其早期阶段，研究重点主要在数学方面，人们期望通过模式识别对数学算法进行创新，在原有基础上发展出来新的简便算法。到了20世纪40年代，人工智能渐渐兴起。到了50年代，F. 罗森布拉特[5]率先提出了可以简化数学计算的模型方法。这种模型以人脑为模仿对象，在功能和作用上都是仿照人脑进行的，利用该模型对问题进行识别分析，也就是感知器。模型在给定的样本类别基础上对识别系统进行全方面的初步训练，使其能够在训练完毕后对未知的一些样本进行正确的分类分析。到了20世纪60年代初，模式识别发展迅猛，逐渐成为一门新学科为大家所熟知并学习使用。1962年，R. 纳拉西曼开创性地提出了一种以基元关系算法为基础的句法识别方法，使人们深刻认识到模式识别在解决问题上的重要性。1966年国际商业机器公司IBM（International Business Machines Corporation）在波多黎各组织召开了第一次以“模式识别”为题的学术会议。20世纪70年代Fukunaga、Duda和Hart等人[6,7]撰写的几本很有影响的模式识别教材相继出版，使得“模式识别”的理念更加深入人心。1972年第一届国际模式识别大会（International Conference on Pattern Recognition, ICPR）召开。同时，国际模式识别协会（The International Association for Pattern Recognition，IAPR）在1974年的第二届国际模式识别大会上开始筹建，并在1978年的第四届国际模式识别大会上正式宣布成立。1982年和1984年，荷普菲尔德[8]先后发表学术论文，阐述了人工神经网络所具有的联想能力和存储潜力，进一步推进了模式识别技术的发展，在短时间内使其在相关应用领域取得了长足进步，获得了丰硕的成果，使人工神经网络成为模式识别中一个新的学科方向。而模式识别技术又是人工智能的基础技术，21世纪是智能化、信息化、计算化、网络化的世纪，在这个以数字计算为特征的世纪里，作为人工智能技术基础学科的模式识别技术，必将获得巨大的发展空间[9]。

参考文献

[1] 李艳坤. 近红外光谱定量分析多模型建模方法研究[D]. 天津：南开大学，2008.

[2] 沈清, 汤霖. 模式识别导论[M]. 长沙: 国防科技大学出版社, 1991.

[3] 刘成林, 谭铁牛. 模式识别研究进展[J]. 中国计算机学会通讯, 2007, 3(12): 45-52.

[4] 邹刚. 鼻咽癌细胞协同模式分类识别方法研究[D]. 长沙: 国防科学技术大学, 2010.

[5] White B W, Rosenblatt F. Principles of Neurodynamics: Perceptrons and the Theory of Brain Mechanisms[J]. The American Journal of Psychology, 1963, 76(4):705.

[6] Duda R, Hart P. Pattern Classification and Scene Analysis [J]. Hoboken: Wiley, 1973.

[7] Duda R, Hart P, Stork D. Pattern Classification and Scene Analysis[M]. Hoboken: John Wiley & Sons, 1996.

[8] Hopfield J J. Neural Networks and Physical Systems with Emergent Collective Computational Abilities.[J]. Proceedings of the National Academy of Sciences of the United States of America, 1982, 79(8): 2554-2558.

[9] 王永庆. 人工智能原理与方法[M]. 西安: 西安交通大学出版社, 1998.

第 2 章　模式识别方法介绍

模式识别根据有无标准样本可以分为有监督识别方法和无监督识别方法。有监督识别方法是在已知训练样本所属类别的情况下设计分类器，通过该分类器对待识别样本进行识别的方法。主要过程是将集中的标准样本经过预处理、选择与特征提取后设计分类器，分类器的性能与样本集的大小、分布等有关；然后待识别样本经过预处理、选择与特征提取后进入分类器，从而得到分类结果或识别结果。而无监督模式识别方法是在没有样本类别所属信息的情况下直接根据某种规则进行分类决策[1]。

模式识别方法也可以分为聚类分析和判别分析。聚类分析是将样本数据集中的所有数据，按照相似性划分为多个类别的过程。其基本思想是在多维空间中，同类样本应靠近一些，彼此间的距离小些，从而具有较高的相似性；相反，不同类样本应离得远一些，彼此间的距离大些，从而具有较低的相似性。聚类分析的目的是使相似的样本聚在一起，达到分类目的。对样本间的相似程度的衡量指标有两种。一是相似系数，性质越相近的样本，其相似系数越接近于 1 或-1，反之则越接近于 0；二是距离，每个样本可以看成 p 维空间的一个点，通过某种距离度量来测量样本点之间的距离，两个样本越相似，距离越近，反之则距离越远。

判别分析则是根据表明事物特点的变量值以及它们所属的类别，求出判别函数，运用判别函数来对未知所属类别的事物进行分类的一种分析方法。不同于聚类分析，判别分析需要已知反映事物特征变量的值，并且拥有训练样本集。

根据解决目标问题的性质，模式识别方法又可以大致分为四类[2]：统计模式识别方法、结构模式识别方法、模糊模式识别方法与人工神经网络方法。统计模式识别方法是将具有相似性的样本在模式空间中聚集，即“物以类聚”。其中主流的模式识别算法有：判别函数法、紧邻分类法、非线性映射法、特征分析法、主成分分析法、聚类分析、支持向量机等。结构模式识别方法又称句法模式识别方法，是利用模式的结构描述与句法描述之间的相似性对模式进行分类的方法。模糊模式识别方法是引入模糊逻辑的方法或思想来解决模式识别问题的方法。它具有客体信息表达更加合理、信息利用充分、算法简单灵巧、识别稳定性好、推理能力强等优点。人工神经网络方法是一种复杂的非线性映射方法，它的特点是具有信息处理的并行性、自组织和自适应性，具有学习能力强、联想功能和容错性能优异的特点。

下面将重点介绍一些常用的模式识别方法的原理、算法、特点及应用。

2.1 主成分分析

主成分分析（Principal Component Analysis, PCA）最早是由Turk和Pentland提出来的[1]，是建立在外观基础上的方法之一，最广为人知的应用是传统线性方法识别人脸技术[3]。作为一个典型的统计学分析方法，PCA基于对随机变量的统计描述，在高斯分布（Gaussian distribution）情况下，能够使输出信号中的信息量最大。PCA方法使我们能够在舍去尽可能少的信息的同时更方便地解决问题，即通过对数据进行降维来简化数据的处理，同时却也保留了数据集的特点。PCA可实现数据的降维、简化分析，能有效直观地反映、区别各种样本之间的关系。

PCA的理论基础目前主要有三种解释：最大方差理论，

最小误差理论以及坐标轴相关度理论。在此仅就其中较容易理解的，而且对数学基础要求不高的最大方差理论展开部分解释。

在信号处理中一般认为信号具有较大的方差，而噪声有较小的方差。信噪比就是信号与噪声的方差比，其值越大越好。在对样本的信号分解处理时，如果样本在横轴上的投影方差较大，在纵轴上的投影方差较小，那么有理由认为纵轴上的投影是由噪声引起的。因此，信号分解时选择的k维特征是将原始信号中n维样本点转换为使得每一维上的样本方差都很大的k维数据。

投影的概念如图2-1所示：

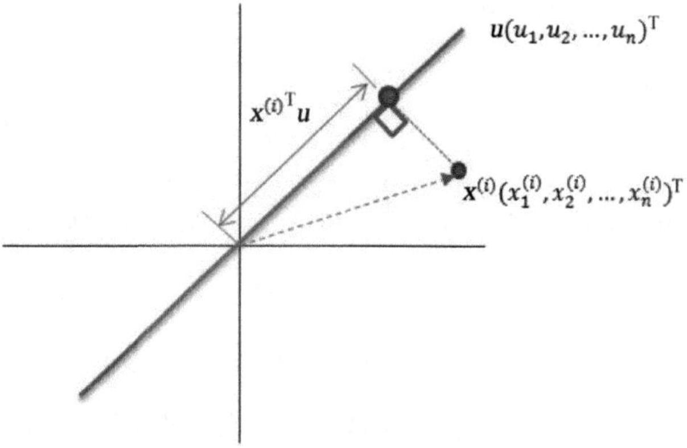

图2-1 投影概念示意图

红色点表示样本点 x_i ，绿色点表示 x_i 在投影向量 u 上的投影。$\boldsymbol{u}$ 既是直线的斜率，也是直线的方向向量，而且是单位向量。由向量运算法则 $\boldsymbol{x}\cdot\boldsymbol{u}=|\boldsymbol{x}|\cdot|\boldsymbol{u}|\cdot\cos\theta$ 可知投影 $|\boldsymbol{x}|\times\cos\theta\ =\boldsymbol{x}\cdot\boldsymbol{u}\ /|\boldsymbol{u}|$，离原点的距离是 $\boldsymbol{x}_i^{\mathrm{T}}\boldsymbol{u}$。因为这些样本点的每一维特征均值都为0，因此投影到 $\boldsymbol{u}$ 上的样本点的均值仍然是0。由于投影后均值为0，因此方差为：

$$\frac{1}{m}\sum_{i=1}^{m}\left(\boldsymbol{x}_i^{\mathrm{T}}\boldsymbol{u}\right)^2=\frac{1}{m}\sum_{i=1}^{m}\boldsymbol{u}^{\mathrm{T}}\boldsymbol{x}_i\boldsymbol{x}_i^{\mathrm{T}}\boldsymbol{u}$$

$$=\boldsymbol{u}^{\mathrm{T}}\left(\frac{1}{m}\sum_{i=1}^{m}\boldsymbol{u}^{\mathrm{T}}\boldsymbol{x}_i\boldsymbol{x}_i^{\mathrm{T}}\right)\boldsymbol{u} \quad （2\text{-}1）$$

可以看出，中间部分就是样本特征的协方差矩阵，用 λ 来表示 $\frac{1}{m}\sum_{i=1}^{m}(\boldsymbol{x}_i^{\mathrm{T}}\boldsymbol{u})^2$ ，Σ 来表示 $(\sum_{i=1}^{m}\boldsymbol{x}_i\boldsymbol{x}_i^{\mathrm{T}})/m$，那么上式可以写为：

$$\lambda=\boldsymbol{u}^{\mathrm{T}}(\Sigma)\boldsymbol{u} \quad （2\text{-}2）$$

由于 $\boldsymbol{u}$ 是单位向量，则 $\boldsymbol{u}^{\mathrm{T}}\boldsymbol{u}=1$，上式两边都左乘 $\boldsymbol{u}$ 得：

$$\boldsymbol{u}\lambda=\lambda\boldsymbol{u}=\boldsymbol{u}\boldsymbol{u}^{\mathrm{T}}(\Sigma)\boldsymbol{u}=(\Sigma)\boldsymbol{u}$$

即

$$(\Sigma)\boldsymbol{u}=\lambda\boldsymbol{u} \quad （2\text{-}3）$$

λ 是 Σ 的特征值，$\boldsymbol{u}$ 是特征向量。最佳的投影方向就是特征值 λ 最大时对应的特征向量，其次是 λ 第二大时对应的特征向量，依次类推找到需要的 k 个特征向量。

因此，只需要对协方差矩阵进行特征值分解，得到前k个特征值对应的特征向量就是最佳的k维新特征投影方向，而且这k维新特征方向是正交的（因为实对称矩阵的特征向量是正交的，而协方差矩阵是实对称矩阵）。得到前k个u以后，样本x_i通过以下变换可以得到投影坐标y_i。

$$\boldsymbol{y}_i = \begin{bmatrix} \boldsymbol{u}_1^{\mathrm{T}}\boldsymbol{x}_i \\ \boldsymbol{u}_2^{\mathrm{T}}\boldsymbol{x}_i \\ \vdots \\ \boldsymbol{u}_k^{\mathrm{T}}\boldsymbol{x}_i \end{bmatrix} \in \mathbf{R}^k \tag{2-4}$$

2.2 K-最邻近分类算法

K-最邻近分类算法[4]（K-Nearest Neighbors，KNN）是众多分类算法中较简单的机器学习算法，在原理上也相对完善。KNN 算法的基本原理：特征空间中的 k 个最相似的样本当中包含有某一个样本，那么这个样本属于这 k 个样本所属的类别。该算法中这 k 个最相似的邻近样本是已经确定类别的，而对于未知样本的分类依据仅仅是根据这些最邻近样本所属类别而进行的。尽管 KNN 算法在某种程度上需要利用极限思想，但是在分类时仅与待测样本的相邻样本密切相关。对于那些类域重叠交叉的待分类数据来说，相对于其他分类算法，KNN 算法比较适宜，这是由 KNN 算法原理所决定的[5,6]。虽然 KNN 算法是最简单的机器学习算法，但这并不影响该算法的应用范围，该算法也常常被应用于回归分析上。与分类算法原理类似，回归分析也是先找到某个样本的 k 个最邻近样本，然后把这 k 个最邻近样本的属性进行平均，所得的平均值就是该待分析样本的属性。

KNN 算法的优点有以下几点：①算法简单，易于编程、调试；②不用对算法参数进行估计，不需训练算法；③适合对类域交叉重叠的数据进行分类。然而 KNN 的缺点也是制约其应用的重要原因，其主要不足有两点：一是，当存在两类样本容量相差很大的样本时，一个新样本的 k 个邻近值基本上都属于大容量样本。由于该算法只计算相邻的样本，那么新样本就无法接近目标样本，从而造成分类错误。二是 KNN 算法的计算量大。因为对于一个待处理样本，要去找到邻近值，必须先计算出来该样本到所有数据的距离[7]。因此，对于 KNN 算法的优化研究一直都是一个重要课题，近年来出现不少关于改进 KNN 算法的研究，包括针对距离计算算法的改进、计算复杂度的降低以及 K 值选择等方面[8]。

李响等人[9]以 63 例胃组织样本为研究对象（包括癌症患者和健康人），利用红外光谱对胃组织进行扫谱，以期得到组织细胞分子中的振动光谱。然后结合化学计量学的方法，通过导数处理、基线矫正等算法进行预处理，最后利用KNN 算法对处理后的谱图数据进行分析，通过分类结果与实际诊断结果的对比，对正常组织与癌变组织的识别准确度达 91.8%。

2.3 K-means 算法

K-means 算法[10,11]是聚类分析中一种被广泛应用的启发式划分方法。其中的 K 代表聚类数目，means 代表簇内数据的均值，所以 K-means 聚类算法又称为 K 均值算法。K-means 聚类算法的原理是以各个样本之间的距离作为类别的评价标准。简单来说，假设有 A、B、C 三个对象，如果 AC 的距离小于 AB 的距离，AC 的相似度大于 AB 的相似度，那么 AC 可能就被划分为一类。K-means 聚类算法具体可以分为四个步骤：

①在M个样本数据中任意地选出k个样本作为中心点；

②首先依次计算出剩余的 $M-k$ 个样本与 k 个中心点的距离，然后按照距离的大小，对每个样本点进行初步的分类，共分为 k 类；

③初步分类完成后，再一次计算 k 类中每一类的中心；

④循环第二步和第三步，每一次循环都会产生新的中心，当新旧中心的距离小于要求值时，退出循环，分类完成。

上述四个步骤中，第一步里的 k 值选取较为重要。而几次循环后，当新旧中心的距离不变时，说明算法已经收敛。

与其他分类算法比较，K-means 聚类算法的主要优势有如下两点：①原理简单，算法速度快，过程不复杂；②当处理对象为容量较大的数据时，效率高，伸缩性强，有较高的准确度。

K-means 聚类算法的不足之处主要集中在 k 值的选定上，k 值的确定会直接影响到分类效果。由于在该算法中，必须提前给定 k 值，确定初始的聚类中心，然而如果对于样本不是特别熟悉，那么 k 值的选取则是比较困难的。另外一点，虽然 K-means 算法比较适用于处理大容量的样本，但是当数量超过一定限值时，由于该算法需要不断地调整分类中心，多次循环直到低于阈值，这样会导致算法比较费时。

针对 K-means 的缺点，出现了许许多多不同的改进，主要针对类别个数 k 的选择、初始中心点、异常点剔除、相似性度量和聚类评价准则这几个方面[12]。K-means 算法的关键在于初始中心的选择和距离公式。因此，关于 K-means 相似性度量和聚类评价准则，一直是算法改进的主要方向。特别是对于原算法使用的欧氏距离（Euclidean Distance），Mao 和 Jain[13]提出了用马氏距离（Mahalanobis Distance）距离来代替。后来，先后出现了 Itakura-Saito、Bregman 等距离，相对于欧式距离有许多突出优点，如克服局部最优、线性时间复杂度等问题[14]。

谢娟英等[15]将 K-means 算法用在癌症基因的筛选上。对癌症病患的基因进行预处理后，采用 K-means 分类法将基因集合分成若干子基因集。然后利用支持向量机 SVM 分类算法建立模型，计算每一子基因集中所有基因的权重，从中选出权重最大的基因来作为代表基因。选出的各类代表基因构成新的基因子集，这一基因子集可以很好地代替原始基因集。

2.4 人工神经网络

自 20 世纪 80 年代以来，数据挖掘领域逐渐兴起了对人工神经网络（Artificial Neural Networks，ANN）的研究。图 2-2 为人脑神经元示意图，人工神经网络通过对人脑神经细胞的抽象，建立类似人脑的简单模型，从而对数据进行处理分析。

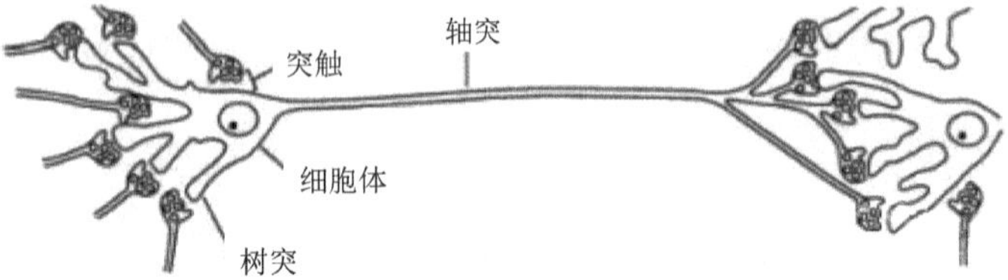

图 2-2 人脑神经元示意图

人工神经网络是一种由大量相互连接的神经元所构成的信息分析模型。模型中存在多个节点，任何一个节点都代表着一种激励函数。通过任意两个相连接的节点的信号都会获得一个加权值，即为权重。神经网络的连接方式、激励函数、权重值都会影响神经网络最终的输出值，即运算结果。人工神经网络由输入层、隐含层、输出层构成，如图 2-3 所示[16]。

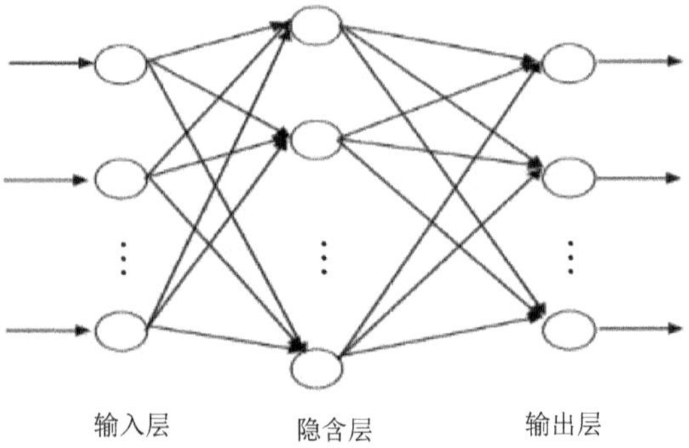

图 2-3 三层人工神经网络模型

常用的人工神经网络方法主要有感知器神经网络（Perceptron Neural Network，PNN）、线性神经网络（Linear

Neural Network, LNN）、反向传播神经网络（Back Propagation Neural Network，BPNN）、径向基神经网络（Radial Basis Function Neural Network，RBFNN）、自组织神经网络（Self-Ogranizing Neural Network，SNN）和反馈神经网络（Hopfield网络）等[17]。

（1）单层神经网络

感知器神经网络、线性神经网络、自组织神经网络和Hopfield 网络属于单层神经网络。最早的神经网络是感知器神经网络，它使用硬限值传递函数，只有两个输出，特别适合进行二分类问题处理。感知器神经网络使用有监督学习方法，得到一个对特定应用体系产生响应的网络。由于感知器神经网络输出使用 harlim 阈值函数，它的输出只能是 0 和 1 两个值，它对线性不可分系统进行学习时，无法得到可靠的结果；线性神经网络与感知器神经网络相似，只是传递函数是线性传递函数，这样网络可以输出任何值，而不是像感知器神经网络只能取 0 和 1 两个值。对于非线性系统，虽然线性神经网络无法获得精确解，只能获得其线性逼近解，但是比感知器神经网络有了不少提升；自组织网络还可以分为自组织竞争神经网络和自组织映射神经网络，适用于无监督模式识别。自组织竞争神经网络包含两层神经元——输入层和竞争层。其中，竞争层是它的核心层。竞争层的输入为输入向量与输入层权值矩阵，竞争层的输出为输入向量与权值矩阵的各个行向量之间的距离。竞争层传递函数接受上一层中的输出，当神经元竞争成功时，输出为1，失败时，输出为0。自组织映射神经网络模拟大脑神经元自组织特征映射功能，广泛用于分类、排序和检测。它具有以下特点：输入与输出按权值互联，在输出节点进行竞争选择，输出之间存在侧抑制，将单个神经元的变化规则与一层神经元的群体变化规则联系在一起；Hopfield 网络有离散型和连续型两种。离散 Hopfield 网络是一个单层网络，各节点没有自反馈。由于传递函数使用离散函数，每个节点是一种可能的状态（1，-1），即当节点接受的输入超过阀值时，神经元就处于一种确定状态（1），否则神经元就始终处于另一状态（-1）。连续 Hopfield 网络在拓扑结构上与离散 Hopfield 网络相同，只是神经元间的传递函数采用连续函数。

（2）多层神经网络

对于很多复杂问题，单层神经网络已经无法满足需求，多层神经网络应运而生。BP 神经网络、径向基神经网络和反馈神经网络都是多层神经网络。BP 网络中信号逐步向更高层神经元传播，学习的误差由高层神经元向低层传播。在学习的过程中沿着误差函数下降最快的方向的同时考虑反向传播回来的误差，逐层修改权值和偏差，达到收敛时的神经元数量较少，但学习速度较慢。BP 网络适用性广泛，模式识别与定量分析都可以使用。进行模式识别时内层传递使用符号函数 sigmoid 限制取值范围[0,1]，输出层传递使用阈值函数 harlim，结果为 0 或 1，这样它的输出便可以用于模式识别。使用值域为实数的传递函数，输出值便可以是任意值，就可以进行定量分析；径向基神经网络采用径向基函数如高斯函数（Gaussian Function）作为神经元传递函数，能够实现非线性关系的映射，它需要非常多的神经元数量，不过运算速度很快，能够实现在创建神经网络的同时进行训练，不需要额外的训练步骤。此外还有学习向量量化网络（Learning Vector Quantization，LVQ）、概率神经网络、广义回归神经网络等，不再赘述。

人工神经网络是人工智能领域和数据挖掘领域的一次变革。有别于基于逻辑符号的人工智能技术，人工神经网络可以自主适应和时刻学习，这使得人工神经网络在直觉信息、离散数据、非结构化数据处理方面具有独特的优势。人工神经网络模拟人类大脑对信息进行接受、处理、储存，众多的处理单元如同脑部神经元般错综复杂，相互连接。人工神经网络具有非线性、非局限性、非常定性和非凸性等基本特征：①非线性。正如神经元有兴奋和抑制两种状态，人工神经网络的神经元也是具有二元状态的，两种状态的转换是根据刺激能否达到阈值。这一特点使得人工神经网络的储存容量大幅提升。②非局限性。大量的神经元共同组成一个神经网络，而整个神经网络的行为是由各个神经元的状态和神经元间相互作用所决定的。③非常定性。当人工神经网络处理数据时，整个系统本身就在不停的变化当中，这是由人工神经网络的自主学习能力所决定的。④非凸性。是指整个系统具有多个平衡态，有多个演化方向[18-22]。

人工神经网络的优势很多，主要体现为以下三点：首先，具有自组织、自适应、自学习的能力。例如，对数据进行分类时，首先把少量已分类样本输入网络中，人工神经网络就会自主学习分类规则，形成记忆。当有新的样本输入时，人工神经网络就会按照已经学习的分类规则对数据进行分类。其次，人工神经网络能够联想储存。最后，能够快速找到问题的最优解。利用具有反馈功能的网络处理复杂问题时，可以避免巨大的计算量，快速而精准地找到答案。

2.5 支持向量机

支持向量机[23]（Support Vector Machine, SVM）的基本思想是升高维度和线性化，也就是说，通过一个非线性映射Φ（x）将样本空间从一个低维空间$\mathbf{R}^n$映射到高维特征空间$\Phi(x) =$（$\varphi(x_1), \varphi(x_2), \cdots, \varphi(x_n)$）。在这个高维特征空间中构造最优决策函数$y(x) = w \cdot \varphi(x) + b$，这样非线性估计函数转化为高纬度空间上的线性可分问题。寻找 w，b 就是最小化$R = \frac{1}{2}\|w\|^2 + c \cdot R_{emp}$，其中$\|w\|^2$控制模型的复杂度，$c$ 为正规划参数，R_{emp}为误差控制函数（通常使用二次损失函数）。通过拉格朗日法求解，这样一来，通过拉格朗日乘子使得原本的线性不可分通过映射转换成一个高纬度空间上的线性可分问题。通常来说，我们在低维情况下会更加方便处理数据，因为升高维度会让计算变得复杂。然而针对分类、回归等任务，高维度空间能够实现样本空间的线性化。所采用的升维函数被称作核函数，核函数选择不同，对应的 SVM 也不一样。四种常用的核函数公式如下：

（1）线性核函数 K（x,y）$=x \cdot y$；

（2）径向基函数 K（x,y）$=\exp$（$-|x-y|^2/d^2$）；

（3）多项式核函数 K（x,y）$=[$（$x \cdot y$）$+1]^d$；

（4）二层神经网络核函数 $K(x,y)=\tanh(a(x\cdot y)+b)$。

将核函数进行展开，忽略低维样本空间下的非线性函数式，转而在特征空间里创建线性的表达式，这样一来即可避免高维空间下的计算量[24,25]。

与其他的分类方法相比，如人工神经网络等，SVM 算法可以找到全局中线性表达式的最优解。而其他分类方法仅仅在局部范围内能够找到最小值，这是由这些分类法的原理所决定的。在 SVM 算法中，需要给出核函数参数，诸如使用多项核函数还是二层神经网络核函数等[26]。

由于 SVM 算法具有较强的学习能力以及延展性，因此逐渐被越来越多的领域所应用。对于 SVM 算法，核函数的选取至关重要。袁前飞[27]将一系列的分类算法例如 KNN、SVM、ANN 等用来处理分析人体血液中元素（Zn、Ba、Ca、Mg、Cu、Se）的浓度。针对 SVM 算法，采用的核函数是线性核函数。分类的准确率达到 98.64%，结果优于 KNN（95.95%）、决策树（91.89%）和 ANN（97.29%），效果较好。

现有研究中，将鲁棒性、稀疏性和权重结合到 SVM 中，拓展出 υ-SVM[28]、LS-SVM[29]、weighted-SVM[30]、dircet-SVM[31]等方法。Suykens J. A. K 等[29]提出了一种新型支持向

量机方法——最小二乘支持向量机（Least Squares Support Vector Machines，LS-SVM）。LS-SVM 是对标准支持向量机的一种改进，通过该方法来解决 SVM 算法的复杂性。它采用最小二乘法作为误差控制函数R_{emp}，代替了传统的 SVM 算法中的二次规划方法，使计算速度和准确性得到了提高，还可以解决线性 KKT（Karush Kuhn Tucker）系统的问题。LS-SVM 的参数包括正则化参数和高斯核函数。基于 LS-SVM 进行谱聚类、数据可视化、降维等应用，都取得了新的进展。

2.6 SIMCA 法

SIMCA（Soft Independent Modeling of Class Analog）方法[32-39]是光谱分析中分类、判别等定性分析的一种主要方法。近年来，利用 SIMCA 法判别油脂、烟叶、医药、饮料、红酒以及众多农副产品的掺假的应用越来越广泛。SIMCA 法以其简单、高效及应用广泛的优势，逐渐成为模式识别技术中最广为研究和应用的技术之一。Wold[40]提出了这种基于主成分分析的特征投影显示方法——SIMCA 法，其基本思想是首先利用主成分分析的显示结果得到样本分类的基本印象，然后分别建立各类样本的类模型，再用这些模型对未知样本进行判别分析。

SIMCA 判别方法基于每一个类别训练集的 PCA 分析建立的模型，通过计算未知样本点与训练集的 PCA 模型的距离，根据距离判别方法判别未知样本的类别。也就是，每一类样本首先建立独立的主成分分类模型，然后计算未知样本向量在各类模型的投影距离来判断未知样本归属于哪些类。建立的模型通常具有高度的敏感性和特异性。SIMCA 模式识别计算过程如下:

（1）建立目标对象 PCA 模型

首先用奇异值分解的方法建立包含有M_i个样品的目标样品i的PCA模型:

$$[\boldsymbol{U},\boldsymbol{S},\boldsymbol{V}]=\mathrm{svds}(\boldsymbol{SP}_i,\boldsymbol{iPCs}) \quad （2\text{-}5）$$

PCA 的载荷矩阵表示为 $\boldsymbol{LD}_i=\boldsymbol{V}$；PCA 特征值对角矩阵表示为 $\boldsymbol{X}_i=\boldsymbol{S}^2$；以及 PCA 分解残差矩阵表示为 $\boldsymbol{R}_i=\boldsymbol{SP}_i-\boldsymbol{U}\times\boldsymbol{S}\times\boldsymbol{V}$。其中 svds 为奇异值分解函数，$\boldsymbol{SP}_i$ 为目标样品多个样品的近红外光谱矩阵，$\boldsymbol{iPCs}$ 为设定的最大分解维数，即 PCA 中的最大成分数。残差矩阵 $\boldsymbol{R}_i$ 是由目标对象 i 中的各个样品光谱经过 $\boldsymbol{iPCs}$ 个主成分分解后所残留的光谱信息所构成的。设 q_{ij} 为目标对象 i 残差矩阵 $\boldsymbol{R}_i$ 中第 j 个样品的残差光谱向量，计算每个样品的光谱残差值 Q_{ij}：

$$Q_{ij}=q_{ij}\times q_{ij}',j=1\sim M_i \quad (2\text{-}6)$$

设定目标样品i的标准化残差值RQ_i为各样品残差平方和的平均值与2倍的目标对象各样品的残差平方和的标准偏差的加和，即

$$RQ_i=\text{mean}(Q_{ij})+2\times\text{std}(Q_{ij}),j=1\sim M_i \quad (2\text{-}7)$$

其中mean为平均值计算函数，std为标准偏差计算函数。

在目标对象i数据模型中保存目标对象的样品数量$\boldsymbol{M}_i$，载荷矩阵$\boldsymbol{LD}_i$，特征值对角矩阵$\boldsymbol{X}_i$以及标准化残差值RQ_i。

（2）未知样品的模式识别

设未知样品光谱向量为 **spx**, 然后计算其与目标对象 i 数据模型的距离 D_i:

①计算未知样品光谱向量 **spx** 的主成分得分 *score*:

$$score=\boldsymbol{spx}\times\boldsymbol{LD}_i \quad (2\text{-}8)$$

其中$\boldsymbol{LD}_i$即目标对象i数据模型中保存的载荷矩阵。

②计算未知样品光谱向量**spx**与目标对象i数据模型的主成分空间距离DM_i：

$$DM_i=score\times\boldsymbol{X}_i^{-1}\times score'\times(M_i-1) \quad (2\text{-}9)$$

其中$\boldsymbol{X}_i^{-1}$为目标对象i数据模型中保存的特征值矩阵$\boldsymbol{X}_i$的逆矩阵；$\boldsymbol{M}_i$则为目标对象i的样品数。

③计算未知样品光谱向量**spx**的主成分分解残差*res*:

$$res = \mathbf{spx} - score \times \mathbf{LD}_i' \qquad (2\text{-}10)$$

④计算未知样品光谱向量**spx**与目标对象i数据模型的残差距离DR_i：

$$DR_i = res \times res' / RQ_i \qquad (2\text{-}11)$$

其中RQ_i为目标对象i数据模型中保存的标准化残差值。

⑤未知样品光谱向量**spx**与目标对象i数据模型的距离D_i是以上计算所得的主成分空间距离DM_i与残差距离DR_i平方和的平方根：

$$D_i = \sqrt{DM_i^2 + DR_i^2} \qquad (2\text{-}12)$$

重复以上步骤，直至得到未知样品光谱 **spx** 与所有 n 种目标对象模型的距离 D_1~D_n，对距离 D_1~D_n 按从小到大的顺序排序，距离越小表明相似度越高。由于以上计算方式得到的是标准化的距离值，因此 D 既可用作未知样品与不同目标对象间相似性高低的相对比较，也可用来衡量未知样品与某一特定的目标对象的绝对相似程度。

2.7 偏最小二乘法判别分析

偏最小二乘法判别分析（Partial Least Squares Discrimination Analysis, PLS-DA） 是基于偏最小二乘法[41,42]（Partial Least

Squares，PLS）的一种判别分析方法。偏最小二乘法最早是由瑞典化学家Wold[43]提出的，在化学统计学和生物学等领域有着重要的应用。偏最小二乘法的原理思路：首先，从自变量$\boldsymbol{X}$中提取相互独立的成分t_h（h= 1，2，…，n），从因变量$\boldsymbol{Y}$中提取相互独立的成分u_h（h=1，2，…，n），然后建立这些成分与自变量之间的回归方程。与主成分分析（PCA）不同的是，偏最小二乘回归所提取的特征成分既能较好地概括自变量系统中的信息，又能很好地阐述因变量并排除系统中的噪声干扰，因而更有效地解决了自变量间多重相关性情况下的回归建模问题。

当因变量$\boldsymbol{Y}$的阶数为1时，为单变量偏最小二乘回归模型（PLS1），阶数大于1时则为多变量偏最小二乘回归模型。下面将以单变量最小二乘回归模型的建模方法为例进行介绍。

令$\boldsymbol{N}_0=\boldsymbol{Y}$，$\boldsymbol{M}_0=\boldsymbol{X}$。首先提取第一个成分$t_1$：$t_1=\boldsymbol{W}_1\times\boldsymbol{M}_0$，$\|\boldsymbol{W}_1\|=1$，其中$\boldsymbol{W}_1$为$\boldsymbol{M}_0$的第一个轴，为组合系数。同时，从$\boldsymbol{N}_0$提取第一个成分$u_1$：$u_1=\boldsymbol{C}_1\times\boldsymbol{N}_0$。其中$\boldsymbol{C}_1$为$\boldsymbol{N}_0$的第一个轴，为组合系数。$t_1$和$u_1$被要求能够比较好地表达$\boldsymbol{X}$与$\boldsymbol{Y}$中数据的变异信息，而且$t_1$对$u_1$要有比较好的解释能力。

根据主成分分析和典型相关分析的思路，取

$W_1 = \frac{M_0^T \times N_0}{\|M_0^T \times N_0\|}$ 即可满足条件。求得t_1后，再分别求N_0、M_0对t_1的回归方程：

$$M_0 = t_1 \times P_1^T + M_1, N_0 = t_1 \times r_1 + N_1$$

其中$P_1 = M_0^T \times t_1 / \|t_1\|^2$，向量$r_1 = N_0^T \times t_1 / \|t_1\|^2$，$N_1$、$M_1$为回归方程的残差矩阵。

然后提取第二个成分t_2：以M_1替代M_0，以N_1替代N_0，用上述的方法求得第二个轴W_2和第二个成分t_2：

$$W_2 = \frac{M_1^T \times N_1}{\|M_1^T \times N_1\|},\quad t_2 = M_i \times W_i$$

同样N_1、M_1分别对t_2做回归得到：

$$M_1 - t_2 \times P_2^T + M_2, N_1 = t_2 \times r_2 + N_2$$

以此类推提取第h个成分t_h，h的数值可以通过交叉有效性原则识别，h小于X的秩。

综上所述，偏最小二乘回归模型可表示为：$\tilde{Y} = X \times W \times R' + F_2$。其中，$W$=[$W_1$，$W_2$，…，$W_h$]，$R$=[$r_1$，$r_2$，…，$r_h$]，$F_2$为残差矩阵。

SIMCA法为每个样品分类建立了独立的PCA模型，从而能够使用类成员。然而，由于该方法在建立模型时没有考虑到其他的类，因此，在每个类的模型中，有些因素在获取类中出现明显的变化时只能反映出有限的鉴别信息。当多维数据不同类中的子空间都非常接近时，由于类之间不必要的重叠，因此存在产生非优化鉴别模型的危险。而PLS-DA法是基于PLS回归的一种判别分析方法，比SIMCA法在鉴别样品时表现得更高效，同时也使出现假阳性鉴别的概率降低。关于PLS-DA方法改进的研究，近年来也是全球研究的热点。一些学者提出了PLS-DA基于杠杆率校正、结合NIR改进的间隔组合偏最小二乘法（Interval Combination Partial Least Squares, ICPLS）等，不仅提高了PLS-DA方法判别分类的精度，而且减少了模型的复杂度，使之更高效。

2.8 非负矩阵分解

非负矩阵分解[44]（Non-negative Matrix Factorization，NMF）是在矩阵中所有元素均为非负数约束条件之下的矩阵分解方法。NMF 的基本思想为：对于任意给定的一个非负矩阵 $\boldsymbol{V}_{m\times n}$，通过 NMF 算法找到一个非负矩阵 $\boldsymbol{S}_{m\times r}$ 和一个非负矩阵 $\boldsymbol{B}_{r\times n}$，从而将一个非负矩阵 $\boldsymbol{V}_{m\times n}$ 用其他两个非负矩阵的乘积表示[45]，即

$$\boldsymbol{V}_{m\times n} \approx \boldsymbol{S}_{m\times r} \times \boldsymbol{B}_{r\times n} \tag{2-13}$$

上述公式并非求得精确解，而是数值上的近似解。其中 $\boldsymbol{S}_{m\times r}$ 为基矩阵，$\boldsymbol{B}_{r\times n}$ 为系数矩阵，另外 r 远小于 m 和 n，一般 r（n+m）＜nm。此时以系数矩阵代替原始矩阵，实现对原始矩阵的降维，得到数据特征的降维矩阵，可以减少存储空间。NMF 与 PCA 算法最大的不同之处，就在于它的非负二字。从数学上来讲，矩阵元素是可以有负值的，因此在分解之后也可以存在负值，但是在实际应用中，比如在图像数据中是不可能存在负值像素点的；在文档统计中，统计个数也不可能是负值。NMF 算法适合处理大规模数据，利用 NMF 进行文本、图像大规模数据的分析，比传统的处理算法速度更快、更便捷。

2.9 线性判别分析

线性判别分析[46]（Linear Discriminant Analysis, LDA）是模式识别的一种经典算法。其基本思想是将高维的模式样本投影到最佳鉴别矢量空间，以达到抽取分类信息和压缩特征空间维数的效果。投影后保证模式样本在新的子空间有最大的类间距离和最小的类内距离，即模式在该空间有最佳的可分离性。在已有的降维算法中，线性判别分析可能是最有影响的降维监督算法，其目的是通过最小化类内散点矩阵和同时最大化的类间散点矩阵来学习判别子空间。

将$x_i^{(j)}$定义为在j类中的第i个数据，而$m^{(j)}$为j类中数据的平均值，m_o则为整个数据的平均值，C为类别数，$N^{(j)}$为j类中数据的个数，且$N_{total}=\sum_{j=1}^{C}N^{(j)}$为整个数据集的数据个数。如果研究认为所有类都同等重要，即需要确定投影向量，并最大限度地将所有类分开，但不考虑数据集中每个类的数量，此时确定的类间散布矩阵$\boldsymbol{S}_b$的系数，$N^{(j)}$将降低。

$$\boldsymbol{S}_b=\frac{1}{N_{total}}\sum_{j=1}^{C}N^{(j)}\left(m^{(j)}-m_o\right)\left(m^{(j)}-m_o\right)^{\mathrm{T}}$$

（2-14）

$$\boldsymbol{S}_w=\frac{1}{N_{total}}\sum_{j=1}^{C}\sum_{i=1}^{N^{(j)}}\left(x_i^{(j)}-m^{(j)}\right)\left(x_i^{(j)}-m^{(j)}\right)^{\mathrm{T}}$$

（2-15）

在传统的线性判别分析中，投影矩阵$\boldsymbol{V}$是在$\boldsymbol{V}$的正交约束下通过最大 Fisher 准则来确定的。优化问题可以通过寻求$\boldsymbol{S}_w{}^{-1}\boldsymbol{S}_b$的特征向量解决。但由于$\boldsymbol{S}_w{}^{-1}\boldsymbol{S}_b$有可能是非对称矩阵，所以投影矩阵的列向量可能不是正交的。但当假设所有类都具有球形数据分布时，可以认为能够保证$\boldsymbol{S}_w{}^{-1}\boldsymbol{S}_b$特征向量的正交性。当所有类都呈球形分布时，公式（2-16）中的投影矩阵$\boldsymbol{V}$是$\{m^{(1)},\cdots,m^{(C)}\}$所覆盖的子空间的正交基。设$\boldsymbol{M}=[m^{(1)},\cdots,m^{(C)}]$，$\boldsymbol{S}_b=\boldsymbol{M}\boldsymbol{M}^{\mathrm{T}}$,由于所有类矩阵分布都为球形，所以在$j$类中的内散射矩阵$\boldsymbol{S}_w{}^{(j)}$必须为对角矩阵。假设在$j$类中每个数据的特征方差为$\sigma^{(j)}$，就可以认为$\boldsymbol{I}$是一个恒等矩阵。然后得到式（2-18）。$\boldsymbol{S}_w{}^{-1}\boldsymbol{S}_b$变为等式（2-19）。$\boldsymbol{M}$可以用奇异值分解（SVD）为$\boldsymbol{M}=\boldsymbol{V}\boldsymbol{S}\boldsymbol{U}^{\mathrm{T}}$。在等式（2-20）中$\boldsymbol{V}$是$\boldsymbol{M}\boldsymbol{M}^{\mathrm{T}}$特征向量的矩阵，$\boldsymbol{V}$的列向量是$\boldsymbol{M}$正交基展开的列空间。上述假设证明了投影矩阵的列向量构成了平均向量子空间的基。

$$J(\boldsymbol{V})=\mathrm{trace}\left((\boldsymbol{V}^{\mathrm{T}}\boldsymbol{S}_{\mathrm{w}}\boldsymbol{V})^{-1}(\boldsymbol{V}^{\mathrm{T}}\boldsymbol{S}_{\mathrm{b}}\boldsymbol{V})\right) \tag{2-16}$$

$$\boldsymbol{S}_w{}^{(j)}=\sum_{i=1}^{N^{(j)}}\left(x_i^{(j)}-m^{(j)}\right)\left(x_i^{(j)}-m^{(j)}\right)^{\mathrm{T}}=\sigma^{(j)}\boldsymbol{I} \tag{2-17}$$

$$\boldsymbol{S}_w=\sum_{j=1}^{C}\boldsymbol{S}_w{}^{(j)}=\sum_{j=1}^{C}\sigma^{(j)}\boldsymbol{I} \tag{2-18}$$

$$\boldsymbol{S}_w{}^{-1}\boldsymbol{S}_b=\frac{1}{\sum_{j=1}^{C}\sigma^{(j)}}\boldsymbol{M}\boldsymbol{M}^{\mathrm{T}} \tag{2-19}$$

$$\boldsymbol{M}\boldsymbol{M}^{\mathrm{T}}=\boldsymbol{V}\boldsymbol{S}\boldsymbol{U}^{\mathrm{T}}\boldsymbol{U}\boldsymbol{S}\boldsymbol{V}^{\mathrm{T}}=\boldsymbol{V}\boldsymbol{S}^2\boldsymbol{V}^{\mathrm{T}} \tag{2-20}$$

2.10 非相关线性判别分析

非相关线性判别分析（Uncorrelated Linear Discrimination

Analysis, ULDA）是一种基于线性判别分析（Linear Discrimination Analysis, LDA）的特征提取和维数降低算法[47]。ULDA 算法在 LDA 的基础上对变换矩阵列向量间的不相关性进行考虑，以此来减少数据在降维后的冗余度。和传统的 Fisher 判别矢量不同，UDV 变量之间是互不相关的，因此可以保留更多信息；ULDA 可以使样本的类内距离最小化，类间距离最大化，从而有效地获取最佳分类特征。而 PCA 和 PLS-DA 都是以实现方差或协方差最大化为目标，无法保证寻找到最有效的分类特征，因此分类效果可能较差；但是当样本的类别数为 2 时，ULDA 能仅使用一个判别矢量进行样本的区分，与之相对的转换矩阵也仅包含一个矢量，因此便于筛选包含最佳分类信息的特征变量。近几年来，非相关线性判别分析在化学计量学中的影响力日益上升。有研究指出 ULDA[48]的判别向量必须要满足“$\boldsymbol{S}$-正交性”，而这就是线性判别分析与非相关线性判别分析的主要区别。Fisher 判别准则可以用等式（2-21）来表示。然而，在寻找多个判别变量时，对其施加式（2-22）的约束条件。其中$\boldsymbol{v}_i$和$\boldsymbol{v}_j$表示两个任意且不同的判别向量，$\boldsymbol{S}_t$表示总散射矩阵，其定义式为式（2-23）。在这一约束下，由于原始数据投影到判别变量而得到的潜在变量是不相关的，且判别变量一般情况下是不正交的。因为在 Fisher 线性判别中判别向量为 $\boldsymbol{S_w}^{-1}\boldsymbol{S_b}$的特征向量，因此对于任意的判别向量$\boldsymbol{v}$,都能够满足等式（2-24），等式（2-24）可以变换为等式（2-25）的形式。

$$\boldsymbol{F} = \frac{\boldsymbol{v}^{\mathrm{T}}\boldsymbol{S}_b\boldsymbol{v}}{\boldsymbol{v}^{\mathrm{T}}\boldsymbol{S}_w\boldsymbol{v}} \tag{2-21}$$

$$\boldsymbol{v}_i^{\mathrm{T}}\boldsymbol{S}_t\boldsymbol{v}_j = \boldsymbol{0} \tag{2-22}$$

$$\boldsymbol{S}_t = \sum_{k=1}^{g}\sum_{i=1}^{N_k}(x_i^k - \bar{x})(x_i^k - \bar{x})^{\mathrm{T}} = \boldsymbol{S}_w + \boldsymbol{S}_b \tag{2-23}$$

$$\boldsymbol{S_w}^{-1}\boldsymbol{S}_b\boldsymbol{v} = \lambda\boldsymbol{v} \tag{2-24}$$

$$\boldsymbol{S}_b\boldsymbol{v} = \lambda\boldsymbol{S}_w\boldsymbol{v} \tag{2-25}$$

已知假设$\boldsymbol{S}_b$和$\boldsymbol{S}_w$是对称的，且$\boldsymbol{S}_w$为正定矩阵。$\boldsymbol{S_w}^{-1}\boldsymbol{S}_b$的特征值为实数，任意两个特征向量$\boldsymbol{v}_i$和$\boldsymbol{v}_j$是正交的，故可以得到式（2-26）。当样本数量大于变量时，上述假设通常都是成立的，故可以证明得到等式（2-27）和等式（2-28）。

$$\boldsymbol{v}_i^{\mathrm{T}}\boldsymbol{S}_w\boldsymbol{v}_j = \boldsymbol{0} \tag{2-26}$$

$$\boldsymbol{v}_i^{\mathrm{T}}\boldsymbol{S}_b\boldsymbol{v}_j = \boldsymbol{v}_i^{\mathrm{T}}(\lambda\boldsymbol{S}_w\boldsymbol{v}_j) = \lambda(\boldsymbol{v}_i^{\mathrm{T}}\boldsymbol{S}_w\boldsymbol{v}_j) = \boldsymbol{0} \tag{2-27}$$

$$\boldsymbol{v}_i^{\mathrm{T}}\boldsymbol{S}_t\boldsymbol{v}_j = \boldsymbol{v}_i^{\mathrm{T}}(\boldsymbol{S}_w + \boldsymbol{S}_b)\boldsymbol{v}_j = \boldsymbol{v}_i^{\mathrm{T}}\boldsymbol{S}_w\boldsymbol{v}_j + \boldsymbol{v}_i^{\mathrm{T}}\boldsymbol{S}_b\boldsymbol{v}_j = \boldsymbol{0} \tag{2-28}$$

这就能够说明在 Fisher 线性判别中，不同的任意两个判别向量都满足非相关线性判别的约束条件，可以认为 ULDA 在定量理论上相当于 Fisher 线性判别。ULDA 的目的是在

Fisher 准则的基础上，结合变换矩阵向量的“$\boldsymbol{S}$-正交性”，找出 p 维空间中每一行 $\boldsymbol{X}$ 投影到 k 维空间中的行向量的线性转换矩阵 $\boldsymbol{G}$。转换矩阵 $\boldsymbol{G}$ 可以认为是 ULDA 的“负荷量”，因为它计算了系数，而这个系数以初始变量组合为特征。组合系数取决于变换矩阵 $\boldsymbol{G}$，则新的低维矩阵 $\boldsymbol{Z}$ 可以通过式（2-29）来计算。

$$\boldsymbol{Z} = \boldsymbol{XG} \tag{2-29}$$

2.11 距离判别法

距离度量（Distance）用于衡量个体在空间上存在的距离，距离越远就说明个体间的差异越大。用作样本之间分类的距离方法一般有欧氏距离（Euclidean Distance）、明可夫斯基距离（Minkowski Distance）、曼哈顿距离（Manhattan Distance, 即城市街区距离）、切比雪夫距离（Chebyshev Distance）、马氏距离（Mahalanobis Distance）等。另外，相似度度量（Similarity），即计算个体间的相似程度，与距离度量相反，相似度度量的值越小，说明个体间相似度越小，差异越大。其中包括向量空间余弦相似度（Cosine Similarity）、皮尔森相关系数（Pearson Correlation Coefficient）、调整余弦相似度（Adjusted Cosine Similarity）[49]。

下面介绍几种常用的距离度量和相似度度量的距离判别法的原理、特点及应用。

（1）欧氏距离

欧氏距离，指在 m 维空间中两个点之间的真实距离，或者向量的自然长度，即该点到原点的距离[50]。

欧氏距离会受指标不同单位刻度的影响，所以一般需要先进行标准化，同时距离越大，个体间差异越大[51]。欧氏距离衡量的是空间各点的绝对距离，跟各点所在的位置坐标直接相关，能够体现个体数值特征的绝对差异，所以更多的用于需要从维度的数值大小中体现差异的分析。欧氏距离公式如下：

$$d_{ij} = \sqrt{\sum_{k=1}^{k}（x_{ik} - x_{jk}）^{2}} \qquad （2\text{-}30）$$

二维空间中的欧氏距离公式：

$$d = sqrt\,[\,(x_1 - x_2)^2 + (y_1 - y_2)^2\,] \qquad （2\text{-}31）$$

三维空间中的欧氏距离公式：

$$d = sqrt\,[\,(x_1 - x_2)^2 + (y_1 - y_2)^2 + (z_1 - z_2)^2\,] \qquad （2\text{-}32）$$

欧氏距离虽然很有用，但也有明显的缺点。它将样品的不同属性，即各指标或变量之间的差别等同看待，这一点有时不能满足实际要求。例如，在教育研究中，经常遇到对人的分析和判别，个体的不同属性对于区分个体有着不同的重要性。因此，有时需要采用不同的距离函数。

（2）马氏距离

使用欧氏距离之前需要对底层指标进行数据的标准化，而基于各指标维度进行标准化后再使用欧氏距离就衍生出来另外一个距离度量——马哈拉诺比斯距离（Mahalanobis Distance），也称马氏距离。马氏距离是由印度统计学家马哈拉诺比斯（P. C. Mahalanobis）提出的，表示数据的协方差距离，它是一种有效的计算两个未知样本集的相似度的方法。

与欧氏距离不同的是，马氏距离考虑到各种特性之间的联系并且是尺度无关的（Scale-invariant），即独立于测量尺度[52]。马氏距离也可以定义为两个服从同一分布，并且其协方差矩阵为∑的随机变量之间的差异程度：如果协方差矩阵为单位矩阵，那么马氏距离就简化为欧氏距离；如果协方差矩阵为对角阵，那么也可以称为正规化的欧氏距离。

马氏距离公式如下：

$$D(x,y)=\sqrt{(x-y)^{\mathrm{T}}\times\Sigma^{-1}(x-y)} \tag{2-33}$$

该公式表示向量 $\boldsymbol{x}, \boldsymbol{y}$ 之间的距离，$\sum$是样本矩阵的协方差阵，是总体分布的协方差估计量。

马氏距离有很多优点：①它不受量纲的影响，两点之间的马氏距离与原始数据的测量单位无关；②由标准化数据和中心化数据，即原始数据与均值之差计算出来的两点之间的马氏距离相同；③马氏距离还可以排除变量之间的相关性的干扰。

在绝大多数情况下，马氏距离是可以顺利计算的。但是马氏距离的计算结果是不稳定的，不稳定的来源是协方差矩阵。如果拿同样的两个样本，放入两个不同的总体中，最后计算得出的两个样本间的马氏距离通常是不相同的，除非这两个总体的协方差矩阵碰巧相同，这也是马氏距离与欧氏距离的最大差异之处。马氏距离还有一个缺点是夸大了变化微小的变量的作用。

（3）余弦相似度（余弦距离）

余弦相似度，也称余弦距离，是用向量空间中两个向量夹角的余弦值作为衡量两个个体间差异的大小的度量，用以评估它们之间的相似度。

空间向量余弦夹角的相似度度量不会受指标刻度的影响，余弦值落于区间[-1,1]，两向量间的夹角越小，余弦值越大，即越接近于 1，则两个向量的方向越趋近于 0，它们的方向更加吻合。相应地，相似度也越高。余弦距离使用两个向量夹角的余弦值来衡量两个个体间差异的大小。而对绝对的数值不敏感，修正了数据间可能存在度量标准不统一的问题。

对于二维空间，根据向量的点积公式，可得：

$$\cos\theta = \frac{\boldsymbol{a}\cdot\boldsymbol{b}}{\|\boldsymbol{a}\|\|\boldsymbol{b}\|} \tag{2-34}$$

假设向量 ***a***、***b*** 的坐标分别为（x_1 ,y_1），（x_2 ,y_2）。则可得：

$$\cos\theta = \frac{x_1x_2 + y_1y_2}{\sqrt{{x_1}^2+{y_1}^2}\times\sqrt{{x_2}^2+{y_2}^2}} \tag{2-35}$$

余弦距离公式如下：

$$\cos\theta = \frac{\sum_1^n (A_i\times B_i)}{\sqrt{\sum_1^n {A_i}^2}\times\sqrt{\sum_1^n {B_i}^2}} \tag{2-36}$$

相比欧氏距离，余弦距离更加注重两个向量在方向上的差异。欧氏距离衡量的是空间各点的绝对距离，与各点所在的位置坐标直接相关；而余弦距离衡量的是空间向量的夹角，体现的是方向上的差异，而不是位置。欧氏距离和余弦距离各自有不同的计算方式和衡量特征，因此它们适用于不同的数据分析模型。欧氏距离能够体现个体数值特征的绝对差异，所以更多地用于需要从维度的数值大小中体现差异的分析，比如使用用户行为指标来分析用户价值的相似度或差异。余弦距离更多地是从方向上区分差异，而对绝对的数值不敏感，更多地用于使用用户对内容评分来区分兴趣的相似度和差异。

余弦距离最常见的应用就是计算文本相似度。将两个文本根据它们的数值，建立两个向量，计算这两个向量的余弦值，就可以知道两个文本在统计学方法中的相似度情况。事实证明，余弦距离是一个非常有效的方法。

（4）城市街区距离

城市街区距离也称为曼哈顿距离、绝对距离，是指城市中一点到另一点的驾驶距离，而不是两点之间的直线距离。两个样本之间的城市街区距离为：

$$d_{ij}=\sum_{k=1}^{p}\left|x_{ik}-x_{jk}\right| \qquad (i,j=1,2,3,\cdots,m) \qquad (2\text{-}37)$$

其中 p 为样本变量个数，m 为样本个数。d_{ij} 越小表示两个样本越亲近，反之则越疏远。

（5）切比雪夫距离

切比雪夫距离是向量空间中的一种度量，两个样本点之间的距离定义是其各坐标数值差绝对值的最大值。若将国际象棋棋盘放在二维直角坐标系中，则王从一个位置走到其他位置需要的步数恰为两个位置的切比雪夫距离，因此切比雪夫距离也称为棋盘距离。切比雪夫距离公式为：

$$d_{ij} = \max |x_{ik} - x_{jk}| \quad (i,j=1,2,3,\cdots,m) \tag{2-38}$$

d_{ij} 越小表示两个样本越亲近，反之则越疏远。

参考文献

[1] 范会敏，王浩. 模式识别方法概述[J]. 电子设计工程, 2012, 20(19):48-51.

[2] Meena T, Smriti S. A new Kemelized hybrid c-mean clustering model with optimized parameters[J]. Applied Soft Computing，2010, 10(2):381-389.

[3] 李盛文，鲍苏苏. 基于 PCA+AdaBoost 算法的人脸识别技术[J]. 计算机工程与应用, 2010, 46(4):170-173.

[4] Dietzel M , Dietzel A , Zoubi R , et al. 基于非参数分类 k 最邻近节点算法的多维放射诊断数据评价[J]. 磁共振成像, 2012, 3(6):401-409.

[5] Seal S H. A sieve for the isolation of cancer cells and other large cells from the blood [J]. Cancer, 1964, 17(5): 637-642.

[6] Hosoawa M, Hayata T, Fukuda Y, et al. Size-selective microcavity array for rapid and efficient detection of circulating tumor cells [J]. Anal. Chem., 2010, 82(15): 6629-6635.

[7] Chien S, Usami S, Dellenba R J, et al. Shear-dependent deformation of erythrocytes in rheology of human blood [J]. Am. J. Physiol, 1970, 219(1): 136-142.

[8] Wu Y, Ianakiev K, Govindaraju V. Improved k-nearest neighbor classification[J].Pattern Recognition, 2002, 35(10): 2311-2318.

[9] 李响，李庆波，徐怡庄，等. KNN 方法在癌症中红外光谱检测中的应用[J].光谱学与光谱分析,2007,3(1): 439-443.

[10] 冯超. K-means 聚类算法的研究[D]. 大连：大连理工大学, 2007.

[11] 蒋庆丰，李梓，程晓旭. K-Means 聚类算法研究及图形演示的实现[J]. 信息技术，2010(3):23-25.

[12] 张玉芳，毛嘉莉，熊忠阳. 一种改进的 K-means 算法[J]. 计算机应用, 2003, 23(8):31-33.

[13] Mao J, Jain A K. A self-organizing network for hyperellipsoidal clustering (HEC)[J]. IEEE Transactions

on Neural Networks, 1996, 7(1):16-29.

[14] 周世兵，徐振源，唐旭清. K-means 算法最佳聚类数确定方法[J]. 计算机应用, 2010, 30(8):1995-1998.

[15] 谢娟英，高红超. 基于统计相关性与 K-means 的区分基因子集选择算法[J]. 软件学报, 2014, 9(1): 2050-2075.

[16] Mekanik F, Imteaz M A, Gato-Trinidad S, et al. Multiple regression and Artificial Neural Network for long-term rainfall forecasting using large scale climate modes[J]. Journal of Hydrology, 2013, 50(8): 69-85.

[17] 朱凯，王正林. 精通 MATLAB 神经网络[M]. 北京：电子工业出版社, 2010.

[18] Nikpey H, Assadi M, Breuhaus P, et al. Experimental evaluation and ANN modeling of a recuperative micro gas turbine burning mixtures of natural gas and biogas[J]. Applied Energy, 2014, 117(53):18-31.

[19] Narendra Babu C, Eswara Reddy B. A Moving-Average-Filter-Based Hybrid ARIMA–ANN Model for Forecasting Time Series Data[J]. Applied Soft Computing Journal, 2014, 119(15):182-187.

[20] Wang W, Pieter Van Gelder, Vrijling J K, et al. Forecasting

daily streamflow using hybrid ANN models[J]. Journal of Hydrology, 2006, 324(1-4):383-399.

[21] Yang C T, Marsooli R, Aalami M T. Evaluation of total load sediment transport formulas using ANN[J]. International Journal of Sediment Research, 2009, 24(3):274-286.

[22] Kwan Tun Lee, Wei-Chiao Hung, Chung-Chieh Meng. Deterministic Insight into ANN Model Performance for Storm Runoff Simulation[J]. Water Resources Management, 2008, 18(41): 221-229.

[23] 高阳，周根宝．基于 *T* 检验分析的 SOM 神经网络算法在癌症诊断中的应用[J]．内蒙古农业大学学报(自然科学版), 2013, 2(2): 142-146.

[24] Vapnik V. The nature of statistical learning theory[M]. Berlin: Springer, 1995.

[25] 徐文鸿，陈益定，胡跃，等．基于支持向量机的大肠黏液腺癌术前血清蛋白质标志物检测及分析[J]．细胞生物学杂志, 2008, 6(3): 819-822.

[26] Fehm T, Solomayer E F, Meng S, et al. Methods for isolation circulating epithelial cells and criteria for their classification as carcinoma cells [J]. Cytotherapy, 2005,

7(31): 171-185.

[27] 袁前飞. 基于支持向量机的癌症诊断研究[D]. 重庆：重庆大学, 2007: 13-17.

[28] SchÖlkopf B, Smola A J, Williamson R C, et al. New Support Vector Algorithms[J]. Neural Computation, 2000, 12(5):1207-1245.

[29] Suykens J A K, Vandewalle J. Least Squares Support Vector Machine Classifiers[J]. Neural Processing Letters, 1999, 9(3): 293-300.

[30] Suykens J A K, Brabanter J D, Lukas L, et al. Weighted least squares support vector machines: robustness and sparse approximation [J]. Neurocomputing, 2002, 48(1-4):85-105.

[31] Roobaert D. Direct SVM: A Simple Support Vector Machine Perceptron[J]. Journal of VLSI Signal Processing Systems for Signal, Image, and, Video Technology, 2002, 32(1-2):147-156.

[32] 杜文，易建华，谭新良，等. 基于近红外光谱的烟叶SIMCA 模式识别[J]. 中国烟草学报, 2009, 15(5):1-5.

[33] 张宁，张德权，李淑荣，等.近红外光谱结合 SIMCA 法溯源羊肉产地的初步研究[J]. 农业工程学报，2008,

24(12): 309-312.

[34] 黄月华, 范璐, 李娟.气相色谱法 SIMCA 模式识别 6 种植物油脂的可行性研究[C]// “亚运食品安全保障与广东食品产业创新发展”学术研讨会暨 2009 年广东省食品学会年会论文集, 2009:124-128.

[35] Barbaste M, Medina B, Sarabia L, et al. Analysis and comparison of SIMCA models for denominations of origin of wines from de Canary Islands (Spain) builds by means of their trace and ultratrace metals content[J]. Analytica Chimica Acta, 2002(472):161-174.

[36] Vanden Branden K, Hubert M. Robust classification in high dimensions based on the SIMCA Method[J]. Chemometrics and Intelligent Laboratory Systems, 2005(79):10-21.

[37] Geir Rune Flaten, Bjørn Grung, Olav M Kvalheim. A method for validation of reference sets in SIMCA modeling [J]. Chemometrics and Intelligent Laboratory Systems , 2004(72): 101-109.

[38] Caterina Durante, Rasmus Bro, Marina Cocchi.A classification tool for N-way array based on SIMCA

methodology[J]. Chemometrics and Intelligent Laboratory Systems,2011(106):73-85.

[39] 郝勇，商庆园，饶敏，等. 木材种类的近红外光谱和模式识别[J]. 光谱学与光谱分析, 2019, 39(3):705-710.

[40] Wold S, SjÖstrÖm. SIMCA: A Method for Analyzing Chemical Data in Terms of Similarity and Analogy[M]. Washington: American Chemical Society, 1977.

[41] 沈林峰，沈掌泉. 应用近红外光谱和偏最小二乘回归法预测玉米中淀粉含量[J]. 化学计量分析，2008,17(6): 26-28.

[42] 康继，顾小红,汤坚,等.中红外反射光谱结合偏最小二乘法快速定量分析葡萄酒[J]. 光谱实验室，2010,27(3):789-796.

[43] Wold S, Sjöström M, Eriksson L. PLS-regression: a basic tool of chemometrics[J]. Chemometrics and Intelligent Laboratory Systems, 2001, 58(2):109-130.

[44] 李乐，章毓晋. 非负矩阵分解算法综述[J]. 电子学报，2008, 36(4):737-743.

[45] Lee D D, Seung H S. Algorithms for non-negative matrix factorization[C]. Proceeding of the 13th International

Conserence on Neural Information Processing Systems, 2000: 535-541.

[46] 韩鸿哲, 王志良, 刘冀伟,等. 基于线性判别分析和支持向量机的步态识别[J]. 模式识别与人工智能, 2005, 18(2):160-164.

[47] 梁逸曾, 许青松. 复杂体系仪器分析[M]. 北京: 化学工业出版社, 2012.

[48] Yuan D, Liang Y, Yi L, et al. Uncorrelated linear discriminant analysis (ULDA): A powerful tool for exploration of metabolomics data[J]. Chemometrics & Intelligent Laboratory Systems, 2008, 93(1):70-79.

[49] Han J W, Kamber M, Pei J. Data Mining Concepts and Techniques[M]. 3rd ed. Amsterslam Elsevier, 2012.

[50] 孙即祥. 现代模式识别[M]. 长沙: 国防科技大学出版社, 2002.

[51] 王圆妹. 一种改进的 K-均值聚类算法的研究[J]. 长江大学学报(自科版), 2006(3): 76-77.

[52] 魏书堤, 姜小奇. 基于马氏距离聚类的群体决策算法[J]. 当代教育理论与实践, 2011, 3(1):89-91.

第二部分

应用篇

第 3 章 模式识别方法在波谱分析中的应用

化学分析方法可以分为经典分析法和仪器分析法。在现代仪器分析法中，依据物质发射、吸收电磁辐射以及物质与电磁辐射的相互作用而建立的分析方法，称为光学分析法。根据物质内部是否产生能级跃迁，光学分析法又分为光谱分析法和非光谱分析法。光谱分析方法是基于物质与辐射作用时，测量由物质内部发生的能级跃迁而产生的发射、吸收或散射辐射的波长和强度，以此来鉴别物质及确定它的化学组成和相对含量的方法[1,2]。

根据波长区域的不同，光谱可分为红外光谱、可见光谱、紫外光谱和 X 射线光谱等；根据产生光谱的微粒不同，光谱可分为原子光谱、分子光谱；根据光谱形态不同，光谱可分为线光谱、带光谱和连续光谱；根据物质与电磁辐射的作用方式不同，光谱可分为发射光谱、吸收光谱和散射光谱。光谱学常见的分类方法是按照产生光谱的微粒和物质与电磁辐射的作用方式进行分类，如图 3-1 所示[3]。

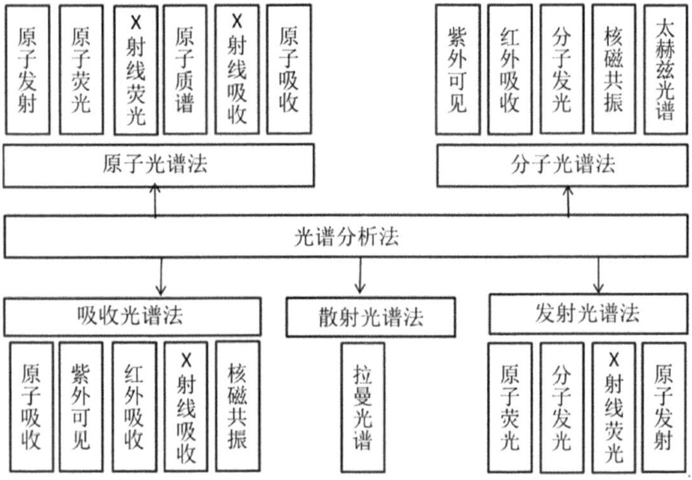

图 3-1 光谱学方法分类

随着光谱学的不断发展，不同的光谱分析方法也相继建立，并出现相应的光谱分析仪器。光谱分析从原理上得到长期研究，理论上已经趋近于完善，光谱分析已成为现代分析化学中手段最多、应用最广泛、功能最强大的分析方法之一。光谱分析方法在定性、定量、结构分析方面有着出色的表现，并已应用于生命科学、医学、食品、化工、医药、环境、商检、空间探索等领域。

根据朗伯比尔定律，不同混合体系的光谱可以认为是体系中所有物质光谱的线性叠加，而且复杂体系的光谱中同时存在大量的冗余与无关信息，所以对光谱进行预处理非常重要，下面介绍几种常用的光谱与预处理方法[4]。

（1）平滑处理（Smoothing）：平滑是一种减少图像噪声的方法，可以按照线性平滑、非线性平滑、自适应平滑来区分。该方法是一种实用的图像处理技术。一个较好的平滑处理是既能消除图像噪声，又不使图像边缘轮廓和线条变模糊，这就是运用平滑处理所期待的目标。

（2）归一化处理（Normalized）：是一种无量纲处理手段，使物理系统数值的绝对值变成某种相对值关系，是一种简化计算、缩小量值的有效办法，即将有量纲的表达式，经过变换，化为无量纲的表达式。

（3）中心化处理（Centering）：将原数据矩阵的每一个元素减去该元素所在列的均值。对于样本数据，将一个变量的每个观测值减去该变量的样本平均值，变换后的变量就是中心化的。

（4）标准化处理（Standard Normal Variation, SNV）：包括数据无量纲化处理和同趋化处理两个方面。数据无量纲化处理主要解决数据的可比性。数据同趋化处理主要解决不同性质的数据问题，对不同性质指标直接加总不能正确反映不同作用力的综合结果，则须先考虑改变逆指标数据性质，使所有指标对测评方案的作用力同趋化，再加总才能得出正确结果。

（5）导数处理（Derivative）：对光谱数据进行求导，可以消除背景平移所造成的影响。其中一阶导数消除背景的常数平移，二阶导数可以消除线性背景平移。对光谱数据的求导可以采用多点数值微分公式。

（6）多元散射校正（Multiplicative Scatter Correction, MSC）：是现阶段多波长定标建模的一种常用的数据处理方法，经过校正后所得到的光谱数据可以有效地消除散射影响，增强了和成分含量相关的光谱吸收信息。

3.1 模式识别方法在紫外光谱分析中的应用

3.1.1 复方氨酚烷胺类药物的分析

3.1.1.1 引言

药物分析是分析化学的一个重要应用领域。在含复杂成分的药物分析中，传统的容量分析法、重量分析法都难以达到理想的效果。随着分析仪器的更新，药物分析中传统分析方法逐渐被仪器分析法所代替。常见的仪器分析方法有近红外光谱法[5]、紫外分光光度法[6]、荧光光度法[7]、高效液相色谱法[8]、旋光光度法[9]等。其中紫外分光光度法利用物质的分子或离子对某一波长范围的光的吸收作用，对物质进行定性分析、定量分析及结构分析。它所依据的原理是分子或离子吸收入射光中特定波长的光而产生的吸收光谱。由于具有方法简便、灵敏度和精确度高、重现性好等优点，加之仪器价格相对低廉且易于维护，因而发展成为仪器分析方法中应用最广泛的方法之一。紫外可见光谱法的基本原理[10]是紫外可见辐射光被不同类物质的分子结构中某些“特定基团”吸收后，这些物质的分子结构发生电子跃迁从而产生“特有的、固有的”吸收光谱曲线，据此可以得到不同物质的构成及分子空间结构的差异性。紫外光谱法通过测定被检测物质在 190～400 nm 波长范围内，吸收光谱上的某些特征波长处的吸光度的大小来判定该物质中的成分和含量，从而完成物质成分的定性及定量分析[11,12]。

但在较为复杂的溶液体系中，尤其是涉及多组分的同时测定时，传统的紫外分光光度法因组分间的相互作用，会在复杂溶液体系的应用中受到限制。所以将化学计量学中的多元回归方法引入药物多组分含量测定时,可取得较好的定量结果，使紫外分光光度法的应用得到了极大的改善。而且不同厂家的同种药物的紫外图谱相似，肉眼难以区分，采用化学计量学方法中的模式识别技术可以将不同厂家的药物鉴别区分开来。

本研究采用非相关线性判别分析（Uncorrelated Linear Discrimination Analysis，ULDA）和PLS对复方氨酚烷胺类药物进行解析，以期建立一种鉴别来自不同厂家同种药物的有效方法。复方氨酚烷胺类药物具有解热镇痛的作用，多用于流行性感冒的预防和治疗。由于其治疗效果好，得到了广泛的使用。本研究选取复方氨酚烷胺制剂中含有的两种有效成分——对乙酰氨基酚和马来酸氯苯那敏进行了含量分析；并对不同厂家的同种药物进行特征信息提取后，进行定性鉴别，得到了很好的结果。因此，紫外分光光度法结合化学计量学方法为药物的快速检测提供了新的思路，对于药物真伪鉴别、掺假鉴别、种类鉴别及药物的质量控制具有重要的意义和应用价值。

3.1.1.2 实验部分

配制浓度为 2.4×10^{-2} g/L 的对乙酰氨基酚标准溶液：配制浓度为 2.4×10^{-2} g/L 的马来酸氯苯那敏标准溶液。

复方氨酚烷胺药物溶液的配制：将感康、快克、999 速复康品牌药物按 1～6 依次编号。然后将药片或去除胶囊后的药末用研钵研成粉末，分别取 0.1 g 于 40 mL 烧杯溶解，通过有机微孔滤膜过滤，将滤液加去离子水于 100 mL 容量瓶中定容。再从中分别取 0.1 mL、0.2 mL、0.3 mL、0.4 mL、0.5 mL、0.6 mL、0.7 mL、0.8 mL、0.9 mL、1.0 mL 溶液置于 25 mL 容量瓶中定容。最终每个批号药物得到 10 种不同浓度水平的试样，按 1~10 依次编号，得到 1-1～1-10、2-1～2-10、3-1～3-10、4-1～4-10、5-1～5-10、6-1～6-10 共 60 个试样。

经实验测定，对乙酰氨基酚和马来酸氯苯那敏的标准溶液在室温下 8h 内稳定；复方氨酚烷胺药物溶液在室温下 3h 内稳定，吸光度值变化在测量误差范围内。

采用去离子水作参比，分别采集对乙酰氨基酚和马来酸氯苯那敏的标准溶液和市售药物溶液的紫外吸收光谱，光谱采集范围为 200～400 nm。每个样品平行测定两次，记录平均光谱，得到光谱矩阵（60×201）。

3.1.1.3 结果与讨论

对乙酰氨基酚、马来酸氯苯那敏两种纯组分在紫外区都有吸收，最大吸收波长分别为 243 nm、262.5 nm，如图 3-2 所示。

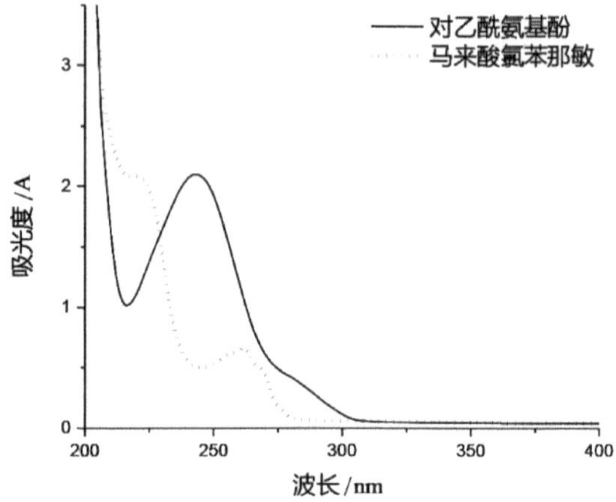

图 3-2 两组分标准溶液的紫外吸收光谱

测定不同批号、不同浓度的复方氨酚烷胺药物溶液时，得到的紫外光谱都是相似的。快克、999 速复康、感康的紫外图谱如图 3-3 所示。从图 3-3 可以看出，三种药物光谱图的形状、趋势基本相同，吸光度值相近，这是由于三种品牌药物所包含的主要成分相同且质量相近造成的。因此，无法直接从谱图上找出特征的吸收峰以区分三种药物。所以，我们首先对原始光谱进行预处理，然后结合特征提取方法提取出药片特征信息，采用模式识别技术判别来自不同厂家的同类药物。

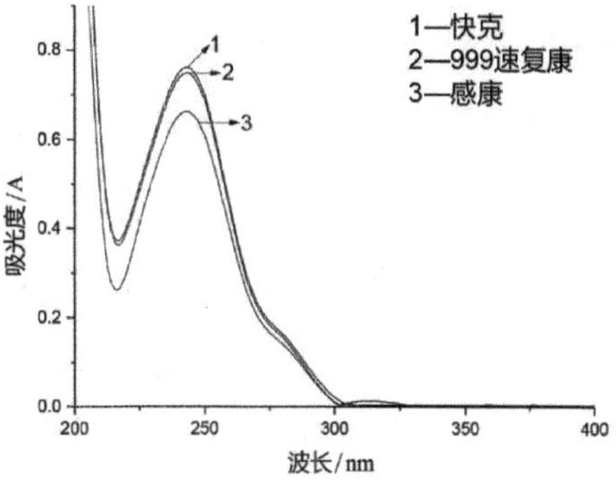

图 3-3　三种药物溶液的紫外吸收光谱

（1）通过多元散射校正（MSC）方法对光谱进行预处理，然后运用非相关线性判别分析方法（ULDA）对三个品牌的不同浓度的药物溶液进行解析。三个厂家样品的预测集和训练集分别按 1∶1 分组，最终分类效果如图 3-4 所示。

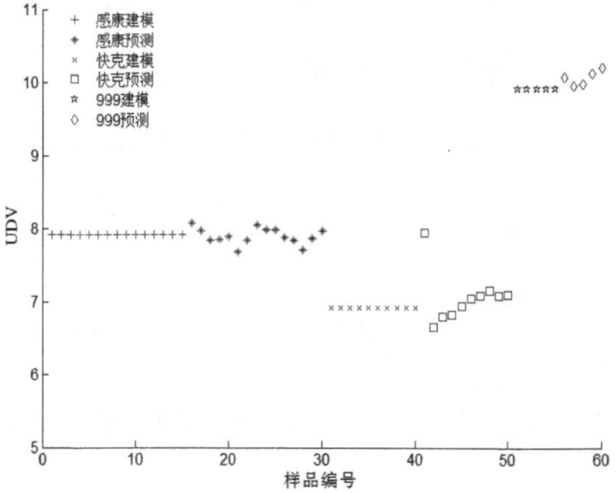

图 3-4　ULDA 的分类结果

从图 3-4 的非相关判别矢量（UDV）值可以清楚地观察到，感康、快克、999 速复康得到很好的分类结果。ULDA 算法使得样本的类内距离最小化，同时类间距离最大化，从而有效地找到了最佳分类特征。因此，ULDA 可以作为区分不同厂家同类药物的一种有效方法。

（2）采用偏最小二乘法（PLS）计算不同厂家及批号的药物中对乙酰氨基酚和马来酸氯苯那敏的含量。随机选取每个批号中的 5 个试样用于建模，预测剩余 5 个试样中两种成分的含量，预测结果如表 3-1 所示。从表 3-1 可以看出，采用 PLS 同时得到不同批号药物中的对乙酰氨基酚和马来酸氯苯那敏的含量，均得到了较好的回收率，回收率范围分别为 92.7%～100.6%、96.7%～105.5%。预测结果表明了 PLS 用于药物成分的检测速度快、准确率高。所以，紫外光谱分析结合 PLS 方法为控制药物质量提供了一种有效的技术手段。

表 3-1 偏最小二乘法计算结果

批次		1	2	3	4	5	6
对乙酰氨基酚（g/L）	理论平均值（$\times10^{-2}$）	1.68	1.76	1.68	1.92	1.92	2.00
	计算平均值（$\times10^{-2}$）	1.690	1.632	1.680	1.866	1.862	1.956
	平均回收率（%）	100.6	92.7	100.0	97.2	97.0	97.8

（续表）

批次		1	2	3	4	5	6
马来酸氯苯那敏(g/L)	理论平均值（$\times10^{-4}$）	1.36	1.36	1.34	1.55	1.55	1.55
	计算平均值（$\times10^{-4}$）	1.394	1.327	1.410	1.501	1.538	1.556
	平均回收率（%）	102.5	97.6	105.5	96.7	99.1	100.3

3.1.1.4 结论

采用非线性判别分析（ULDA）和偏最小二乘法（PLS）对复方氨酚烷胺类药物进行了定量、定性解析，同时准确得到了药物中两种主要成分——对乙酰氨基酚和马来酸氯苯那敏的含量；并对不同厂家的复方氨酚烷胺类药物进行了特征信息提取，建立了鉴别不同厂家药物的分类模型。因此，紫外分光光度法结合化学计量学方法实现了复杂药品组分含量的同时测定，为药物的快速检测提供了新的思路，对于药物真伪鉴别、掺假鉴别、药物种类分析、药物质量控制具有重要的意义和应用价值，有着广阔的应用前景[13]。

3.1.2 污水水质的判别与分类

3.1.2.1 引言

当前我国河流水体污染现象严峻，受到污染的水体的增多更加剧了水资源的匮乏。因此，对于水体污染的评估和治理非常重要。污水种类众多，检测项目繁多，因而在水质监测与评价过程中，检测周期较长，有时并不能做到对超标污染物的及时检测。因此亟待寻找快速可行的检测方法，将污水中的污染物尽可能同时进行快速、准确的检测。

同时，对污水水质的定性评价，即水质的质量评估和等级划分也非常重要，水质监测一直是国内外比较关注的一个课题。水质中含有的污染物种类繁多，需要检测的项目很多，而且检测过程、评价过程较为烦琐，所以产生了许多水质监测和评价系统设计的方法。杜琳[14]使用灰色关联模式识别将 n 个水样中的 m 个水质指标 T_{ij} 与生活饮用水卫生标准中的 s 个指标关联组成矩阵 T_{ij} 和 S_{ij}，对水样进行分类；蔡广强等人[15]用主成分分析方法对中国南方某城市的水库用水进行了评价和分析；人工神经网络也是水质评价的热门方法。玉洪超等人[16]用无反馈多层前馈式人工神经网络对聊城地下水中的不同指标进行了较为成功的评价；孙莉宁等人[17]应用径向基网络（Radial Basis Function，RBF）实现了巢湖水质环境的质量评价，确立了水质模型评价等级界定，得到理想的分析结果；高爽[18]将 BP 网络与主成分分析相结合对漳河的水质进行了评价和预测，取得了良好的结果。BP 网络得出的分析结论精准度高，但 BP 网络的回馈速率较慢、结构相对繁重；因为 BP 网络具有这些不足，崔永华等[19]将 Hopfield 网络引进到水质评价中，其评价结果较好；席新林等人[20]使用模糊算子评价模型对楚雄市地下水进行了基于 Matlab 的模糊综合评判。鄢贵权等[21]基于模糊层次综合评估法对城市地下水水质进行评估，建立了多个水质指标中的权重集，构建出模糊综合评估指标集，计算出不同水样的隶属度，对不同地下水水样进行了风险评估。

本章利用紫外分光光度计测量不同水质的吸光度，然后通过紫外光谱数据结合模式识别方法对水质进行了定性鉴别分析。

3.1.2.2 实验部分

（1）模拟污水的配制。实验室中配制模拟污水主要考虑污水中碳氮磷的比例。其中，碳源一般可以采用葡萄糖或者醋酸钠等，本研究采用葡萄糖。氨源一般可以采用氯化铵或者硫酸铵，本研究采用氯化铵。磷源使用磷酸二氢钾。

对模拟污水样进行配制，具体的污染指标浓度与物质浓度的对应关系如表 3-2 所示。

表 3-2 污染指标浓度与物质浓度对应表

COD（mg/L）	葡萄糖（g/L）	氨氮（mg/L）	氯化铵（g/L）	总磷（mg/L）	磷酸氢二钾（g/L）
70	0.140 0	10	0.040 0	2.00	0.008 7
80	0.160 0	15	0.060 0	2.50	0.013 0
90	0.180 0	20	0.079 0	2.00	0.008 7
100	0.200 0	25	0.099 0	2.50	0.013 0

共配制了 44 个模拟水样，其中污染物浓度各不相同，水样中具体的污染物指标如表 3-3 所示。

表 3-3 模拟废水样污染物指标

样品标号	COD 浓度（mg/L）	氨氮浓度（mg/L）	总磷（mg/L）
1 号	70	10.0	2.00
2 号	70	10.0	3.00
3 号	70	15.0	2.00
4 号	70	15.0	3.00
5 号	70	20.0	2.00
6 号	70	20.0	3.00
7 号	70	25.0	2.00
8 号	70	25.0	3.00
9 号	80	10.0	2.00
10 号	80	10.0	3.00
11 号	80	15.0	2.00
12 号	80	15.0	3.00
13 号	80	20.0	2.00
14 号	80	20.0	3.00

（续表）

样品标号	COD 浓度（mg/L）	氨氮浓度（mg/L）	总磷（mg/L）
15 号	80	25.0	2.00
16 号	80	25.0	3.00
17 号	90	10.0	2.00
18 号	90	10.0	3.00
19 号	90	15.0	2.00
20 号	90	15.0	3.00
21 号	90	20.0	2.00
22 号	90	20.0	3.00
23 号	90	25.0	2.00
24 号	90	25.0	3.00
25 号	100	10.0	2.00
26 号	100	10.0	3.00
27 号	100	15.0	2.00
28 号	100	15.0	3.00
29 号	100	20.0	2.00
30 号	100	20.0	3.00
31 号	100	25.0	2.00
32 号	100	25.0	3.00
33 号	307	32.7	4.78
34 号	174	18.4	2.61
35 号	87	10.8	1.31
36 号	494	30.6	2.83
37 号	254	20.2	1.63
38 号	123	10.4	0.72
39 号	358	33.0	2.65
40 号	218	18.9	1.70

（续表）

样品标号	COD 浓度（mg/L）	氨氮浓度（mg/L）	总磷（mg/L）
41 号	55	10.8	0.67
42 号	396	30.7	3.00
43 号	263	19.7	2.67
44 号	161	9.3	0.37

（2）另采集河北省保定市及周边河流水样，将采集的水样和实验室配制的模拟水样分别置于样品池中进行测定，采集紫外吸收光谱。波长范围 190～400 nm，间隔 0.5 nm，每个样品平行测定三次，记录平均光谱。

3.1.2.3 分析与结果

首先依据《城镇污水处理厂污染物排放标准》（GB18918—2002），88 个水样中判定有一级水样 44 个，二、三级水样 44 个。接下来，以上述分类为参考，采用模式识别方法对水质进行评价和分类。

（1）主成分分析法

运用主成分分析方法（PCA）对一级水，二、三级水进行分类，分类效果如图 3-5 所示。

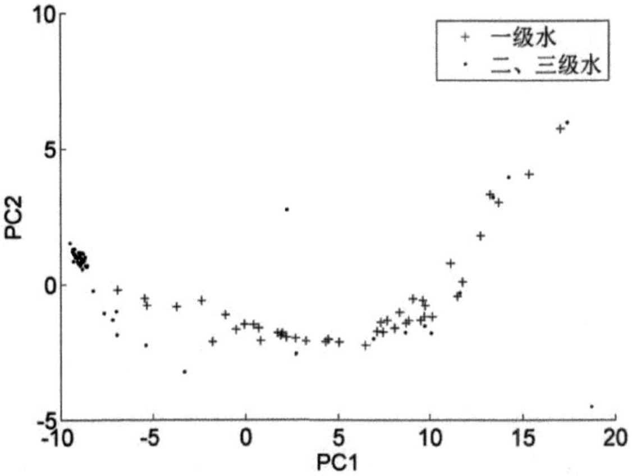

图 3-5 PCA 的分类结果

经过考察，第一主成分得分和第二主成分得分是主要的影响因子，所以根据这两个因子进行分析。图 3-5 中，横坐标为第一主成分得分，纵坐标为第二主成分得分。从图 3-5 的结果可以清楚地看到，主成分分析法没有将样品分开，两类样本“乱作一团”。

因此考虑对紫外光谱数据进行预处理，然后依据主成分分析方法进行分类。首先，对数据进行了多元散射校正（MSC）处理。其次，对数据进行了标准化处理，使数据之间具有良好的可比性。最后，运用主成分分析方法对水样进行分类，分类效果如图 3-6 所示。从图 3-6 可以看出，加了预处理方法后，主成分分析还是不能将水样分开。

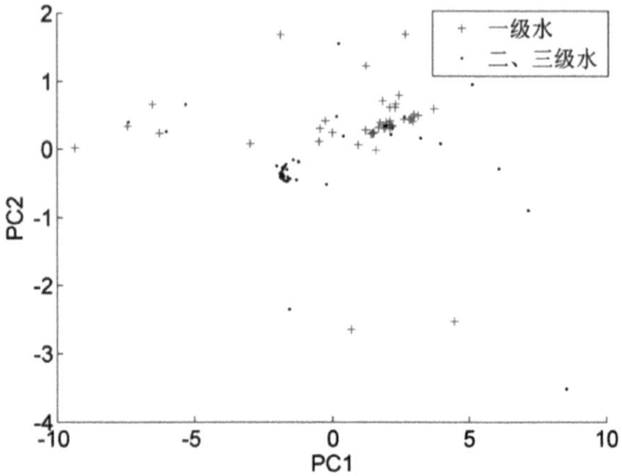

图 3-6 MSC+PCA 的分类结果

（2）线性判别分析法。线性判别分析法通过把样本投影到最佳鉴别矢量空间，来达到抽取分类信息的目的。样本在新的矢量空间内具有最大的类间距离和最小的类内距离，从而达到给样品分类的目的。从一级水的 44 个样品中随机选取 30 个样品作为建模集，其余 14 个样品作为预测集。对二、三级水采取同样比例个数的分组方法。然后使用线性判别分析法对两类水进行分类。

结果如图 3-7 所示，坐标系的横坐标为预测样品的编号，纵坐标为 DV（判别矢量）值。由图 3-7 可以看出，一级水的判别矢量介于 0.3 和 0.5 之间，而二、三级水的判别矢量介于 0.1 和 0.2 之间。所以，通过线性判别分析法可以将一级水和二、三级水分开，但是，一级水的预测样品相比于二、三级水的预测样品没有聚类很近，样品之间比较分散。

为了让样品之间的距离减小，“聚”的效果更好，对数据进行一定的预处理。首先，使用标准化方法；其次，对数据进行多元散射校正处理；最后，运用线性判别分析方法对水样进行分类，分类结果如图 3-8 所示。

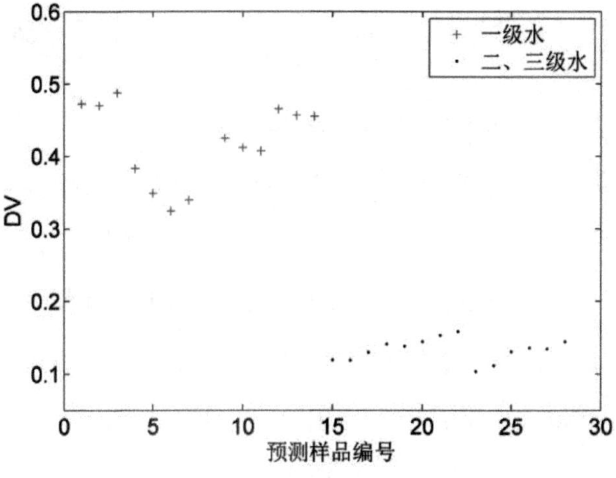

图 3-7 LDA 的分类效果

从图 3-8 可以清楚地看出，经过标准化和多元散射校正两种预处理方法后，一级水的预测样品之间的距离变小了，“聚类”的效果更为明显。同样，二、三级水也变得更加集中，几乎在一条直线上。

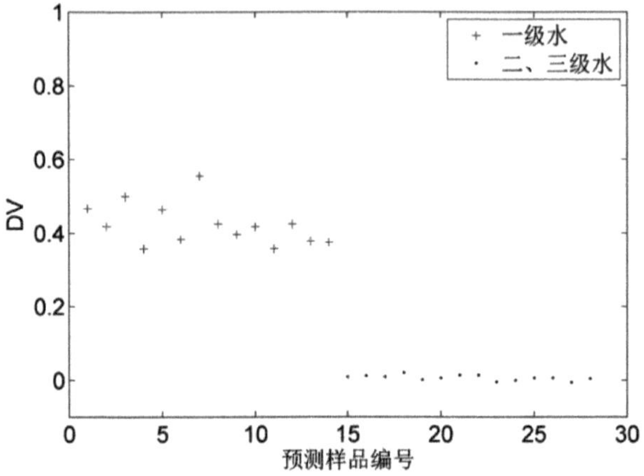

图 3-8 MSC+标准化+LDA 的分类结果

综上所述，线性判别分析可以将一级水和二级、三级水分开，加入预处理方法后 LDA 算法使得同类样本之间的间距变小，不同类样品之间的间距变大，对于一级水，二、三级水具有良好的分类效果。这种分类方法几乎具有 100 %的特异度和 100 %的灵敏度。因此，线性判别分析可以作为鉴别一级水和二、三级水的一种有效的办法。

（3）非相关线性判别分析

非相关线性判别分析是在线性判别分析的基础上，将变换矩阵的列向量之间的不确定性考虑到算法中。因为列向量之间的不确定性会加剧光谱数据的冗杂度，所以非相关线性判别分析可以减少数据的冗杂度，更有利于将样品进行分类。采用和 LDA 方法中同样的数据分组，运用非相关线性判别分析法，分类效果如图 3-9 所示。

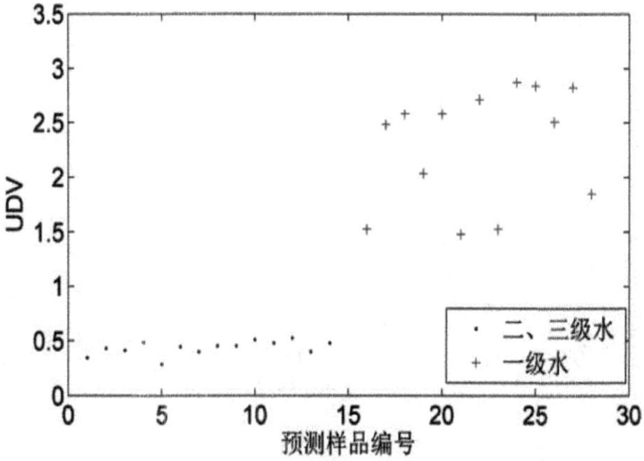

图 3-9 ULDA 的分类结果

图 3-9 中，坐标轴的横坐标为预测样品编号，纵坐标为非相关判别矢量（UDV）。从图 3-9 中可以看出，二、三级水的非相关线性判别矢量介于 0 和 0.5 之间，而一级水的非相关线性判别矢量介于 1.5 和 3 之间。图 3-9 的分类效果较好，但是一级水预测样品的类内距离还是比较大，“聚”的效果还是不够理想。

为了使一级水的类内间距变小，采用中心化和多元散射校正的预处理办法对光谱数据进行预处理。最后，运用非相关线性判别分析方法对水样进行分类，分类结果如图 3-10 所示。

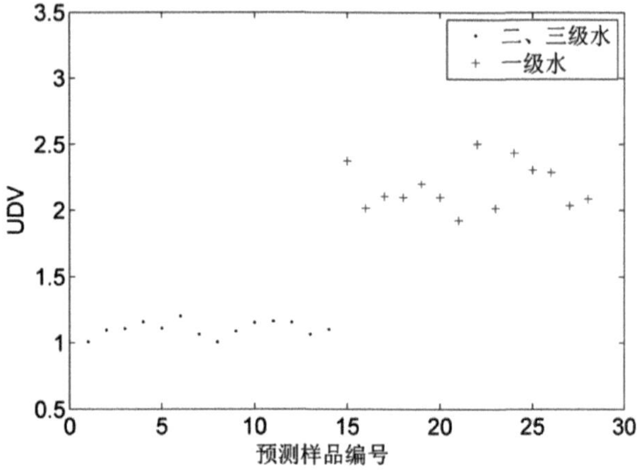

图 3-10 MSC+中心化+ULDA 的分类结果

从图 3-10 可以看出，经过中心化和多元散射校正处理后，一级水的类内距离变小，分类结果变得更好，聚类更明显。

综上所述，非相关线性判别分析可以将一级水和二、三级水分开，而且再加入中心化、多元散射校正预处理方法后，ULDA 算法使得同类样品相互的类内间距变小了，不同类样品之间的间距变大了，对于一级水，二、三级水具有良好的分类效果，几乎具有 100%的正确度。因此，非相关线性判别分析可以作为鉴别一级水和二、三级水的一种有效的办法。

3.2 模式识别方法在拉曼光谱分析中的应用

3.2.1 引言

拉曼光谱（Raman Spectra）与光的散射原理相关[22]，它所研究的主要是在分子水平上，得到关于分子振动频率或者转速方面的信息[23]。产生拉曼散射，需要光先照射到物质上且发生的是非弹性的散射[24]。入射光里有光子，与分子相遇时会发生两种情况的碰撞，即弹性与非弹性碰撞。然而在弹性碰撞的过程中，光子和分子之间几乎没有能量交换，有的只是运动方向的改变，该过程即为瑞利散射[25]。但是非弹性碰撞发生后，光子与分子进行了能量的相互交换，而且改变了运动的方向，光子的频率也随之改变，该散射即为拉曼散射。一般实验条件下测到的是斯托克斯散射，还有一种散射叫做反斯托克斯散射，这是拉曼散射的两个分类。拉曼散射是指一定频率的激光照射到样品表面时，物质中的分子吸收了部分能量，发生不同方式和程度的振动（例如：原子的摆动和扭动，化学键的摆动和振动），然后散射出较低频率的光。频率的变化决定于散射物质的特性，不同种类的原子团振动的方式是独一的，因此可以产生特定频率的散射光，其光谱称为“指纹光谱”，可以照此原理鉴别出组成物质的分子的种类。

拉曼光谱测量方式的优点很多，主要包括：①纯水的拉曼光谱非常的弱，可以利用纯水来对拉曼仪器进行校正，不干扰纯水溶液里所含物质的特征拉曼光谱的测量；②拉曼峰的强度可以和分子结构或者物质结构里的某些官能团产生联系。

拉曼光谱目前可以用来对物质进行表征，它已经成为研究物质内部构造的方法之一。拉曼光谱近些年获得了很大的发展，在癌症诊断、宝石鉴别、农业发展、石墨烯以及纳米金刚石研究方面获得了一些突破。在癌症诊断领域，李维红等[26]将拉曼光谱应用于恶性肿瘤研究，测定了正常腮腺组织的拉曼光谱，之后又测定了腮腺恶性肿瘤组织的拉曼光谱。将两者进行比较，发现病变组织的 C-H 峰值与正常组织相比，其出现的位置都是在 2700～3000 cm^{-1} 之间，而且病变组织的峰值明显要小于正常的峰值[27,28]；佟倜、叶松等[29,30]收集了病变组织和癌旁组织（正常组织）的拉曼光谱图，发现两者之间存在明显差异。肺癌、食管癌、喉癌三者都有拉曼特征峰，出峰的位置相似。不同点是，喉癌的切片样本还有两个明显特征峰，而癌旁组织没有相应的特征峰；Gniadecka 等[31-34]采集了很多病变部位的组织，获得了这些组织的拉曼光谱。拉曼光谱可以有效地把病变部位的情况反映出来，综合进行分析，发现其中的脂肪和蛋白质在分子水平上已经发生了异常的变化；Nijssen 等[35]在研究皮肤癌时，通过 850 nm 激光照射，对正常皮肤组织和癌组织进行了分析，识别的特异度和灵敏度分别达到 93%和 100%。

经过广泛资料调研，发现以上拉曼光谱技术用于癌症的研究，很多都是基于人体组织样本，而本研究以肺癌和健康人血清拉曼光谱数据为基础，结合化学计量学中的诸多方法，包括主成分（PCA）、非负矩阵（NMF）、偏最小二乘判别（PLS-DA）、线性相关分析（LDA）和非线性相关分析（ULDA），对肺癌患者和健康人样本进行鉴别、分类。

3.2.2 样本和实验

血清样本由医院提供，其中肺癌患者 68 例，健康人 29 例。仪器为 LabRAN XploRA 全自动显微共焦拉曼光谱仪（HORIBA Jobin Yvon）。血清样品在−40℃冷冻储存，实验测量前首先转移到−20～−4℃冰箱中放置 30min，然后在室温 24±2℃放置 30 min。最后将解冻的血清 200μL 与比色皿中进行拉曼光谱扫描。通过单变量法控制参数，优化得到最佳实验条件：波数范围 100～5000cm^{-1}，激光波长为 532 nm，透光率为 50%，光栅为 600 T。每个样本重复扫描两次，记录平均测量值。最后利用平滑和滤噪方法对拉曼光谱数据做前期的处理，留作下一步计算使用。

3.2.3 分析和结果

首先以获得的光谱数据为基础，尝试归一化、中心化、多元散射校正等数据预处理方法，通过比较预测结果，最终选择多元散射校正对所测得光谱数据进行预处理。然后数据被随机分为两组，34 个肺癌患者和 14 个正常样本用来建模，其余 34 个肺癌患者和 15 个正常样本用来预测。

敏感性和特异性是判断诊断模型是否准确的两个主要的统计参数。在理想情况下，两个参数值都应该接近 1。具体计算公式如下：

敏感性=真阳性/（真阳性+假阴性）×100%

特异性=真阴性/（真阴性+假阳性）×100%

图 3-11 显示了一个肺癌患者和一个健康人的典型拉曼光谱。每个光谱由 1582 个变量及其对应的强度值组成。两个谱图的一个主要区别是在健康人的拉曼光谱中，1090 cm^{-1}、

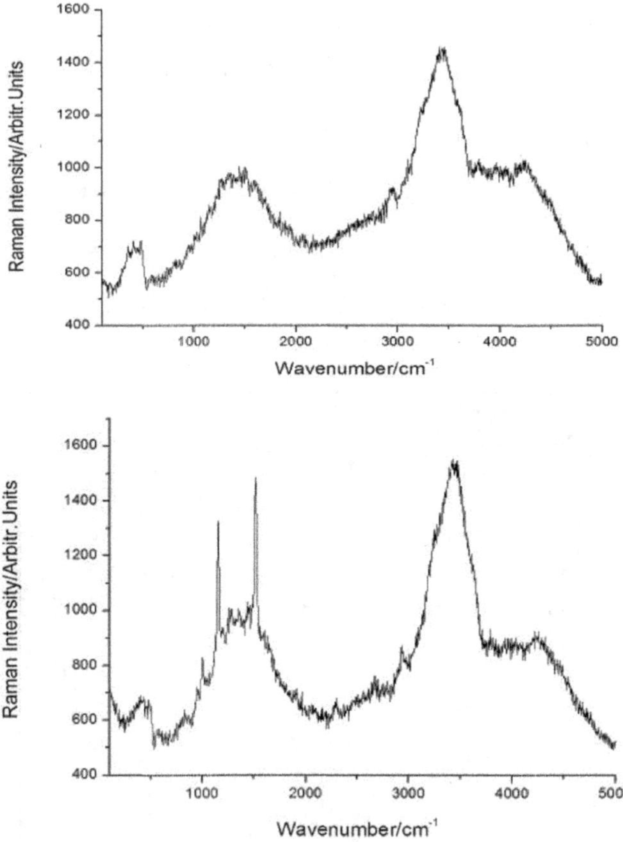

图 3-11 肺癌患者和正常样本的拉曼光谱

1200 cm-1 和 1500 cm-1 波数时存在明显的 β-类胡萝卜素峰，分别对应 C−H、C−C 和 C=C 键的官能团[34,35]。然而，肺癌患者的拉曼光谱在对应的波数位置没有出现明显的峰，推测肺癌患者 β-类胡萝卜素含量远低于正常人体内的含量。

（1）PCA 和 NMF 方法的分类结果。从图 3-12 可以十分清晰地看出，肺癌和健康组样本数据点严重分散、重叠，很难将肺癌和健康组分开。因此，肺癌患者和健康人不能通过 MSC-PCA 方法区分开来。肺癌患者和健康人的 MSC-NMF 方法分类结果也显示在图 3-12 中。非负矩阵分解的结果与 PCA 相似，肺癌患者和健康人也未能用 MSC-NMF 方法分开。

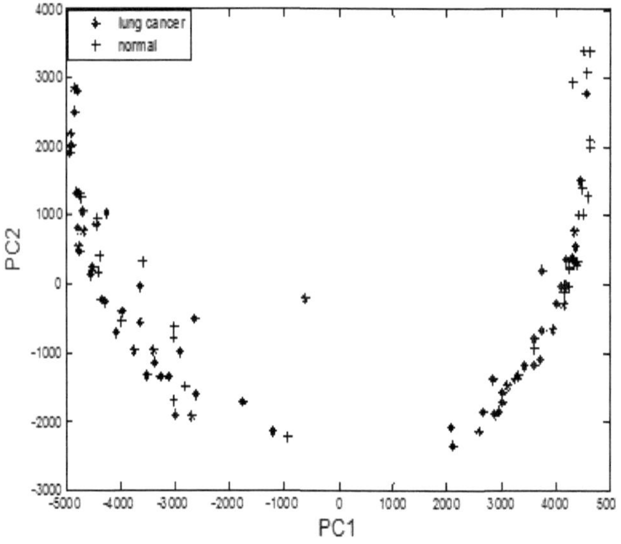

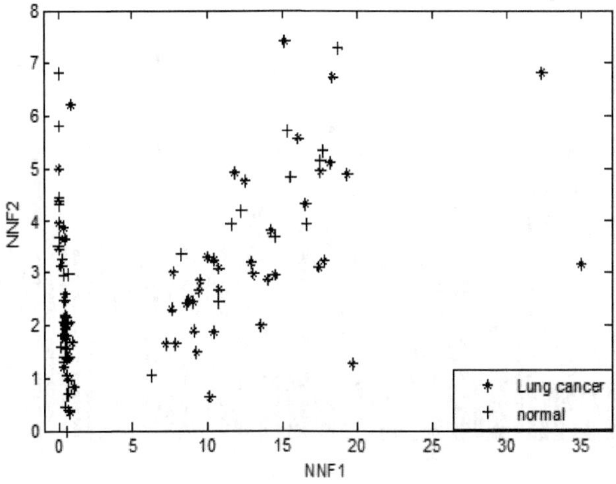

图 3-12 MSC-PCA 和 MSC-NMF 的分类结果

综上所述，这两种常用的无监督模式识别方法不适于该研究对数据的分类鉴别。

（2）PLS-DA 方法的分类结果。主因子个数是 PLS 建模中的一个重要参数。该研究中，主因子个数在 5～20 范围内，经过优化之后设置主因子个数为 15。PLS-DA 是一个有监督的模式识别方法，过程中将肺癌组表示为[1,0]，健康组表示为[0,1]。图 3-13 显示了 MSC-PLSDA 的预测结果，经计算预测的敏感性为 52.94%（18/34），特异性为 33.33%（5/15）。虽然最后的预测结果相比 PCA 和 MMF 较好，但预测的敏感性和特异性还是比较低，仍然不能满足医学临床检测的需求。

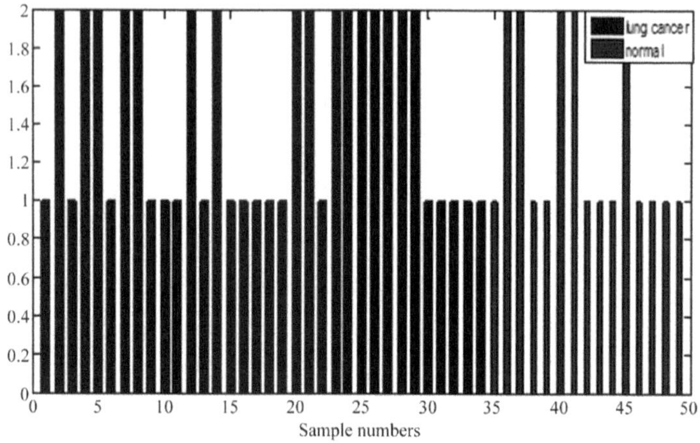

图 3-13 MSC-PLSDA 分类结果图

（3）LDA 和 ULDA 方法的分类结果。首先，数据没有经过预处理，直接用 LDA 和 ULDA 方法鉴别的结果分别显示在图 3-14 中。由于本研究中的类别数为 2（恶性和健康），获取了一个判别向量（DV）或者非相关判别向量（UDV）。从图 3-14 可以明显看出，虽然癌症和健康组不能完全地鉴别出来，但大部分的样本显示出明显的聚类。用虚线作为分类边界，LDA 的预测敏感性达到 88.24%（30/34），预测特异性达到 80%（12/15）。用 ULDA 方法能最终获得和 LDA 相似的预测效果。

LDA 最基本的思路是将所测样本中处在高维的诸多数

据降维投影到最为合理的判别向量位置，当类散布矩阵与最小类内散布矩阵之间达到最大值时完成。也就是说，最新得到的数据空间可以通过投影，这需要有一个前提和基础，就是其类间距必须处在最小的状态，而类内间距则需要处在最大的位置上，这是实现投影的最佳条件。因此在空间中的各类图形和图案可以较好地分隔开。ULDA 开发于 LDA 算法的基础之上，它可以减少降维后的数据冗余。可能由于上述原因，当应用到高维的模式样本数据中，LDA 和 ULDA 方法的分类性能远远超过 PCA、NMF 和 PLS-DA 方法。

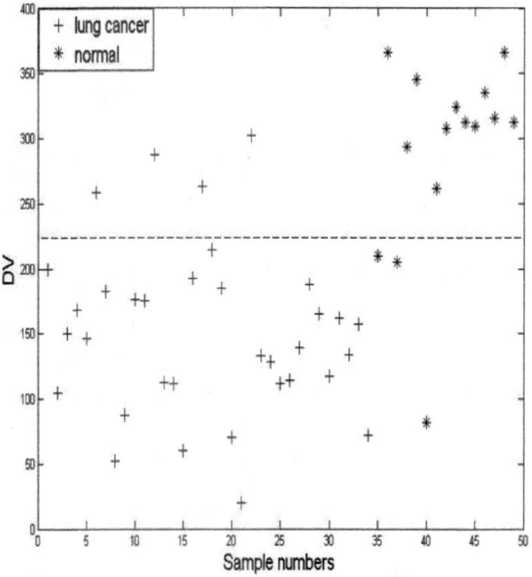

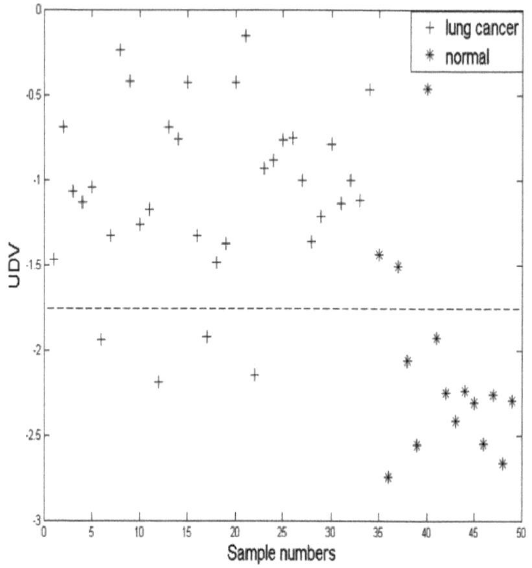

图 3-14 LDA 和 ULDA 的分类结果

然后对原始数据进行 MSC 方法预处理后，再代入 LDA 和 ULDA 模型中。图 3-15 分别给出了 MSC-LDA 和 MSC-ULDA 的分类结果。从图 3-15 可以清楚地看出，癌症组和健康组实现了完全地区分和聚集。与利用单一的 LDA 和 ULDA 方法的分类结果比较，无论是敏感性还是特异性，两者均得到了明显提高，说明 MSC 是一种非常有效的在血清拉曼光谱中提取疾病特征信息的预处理方法。因此，在鉴别肺癌患者和健康人的血清样品时，MSC-LDA 和

MSC-ULDA 或许是更为有效的方法。

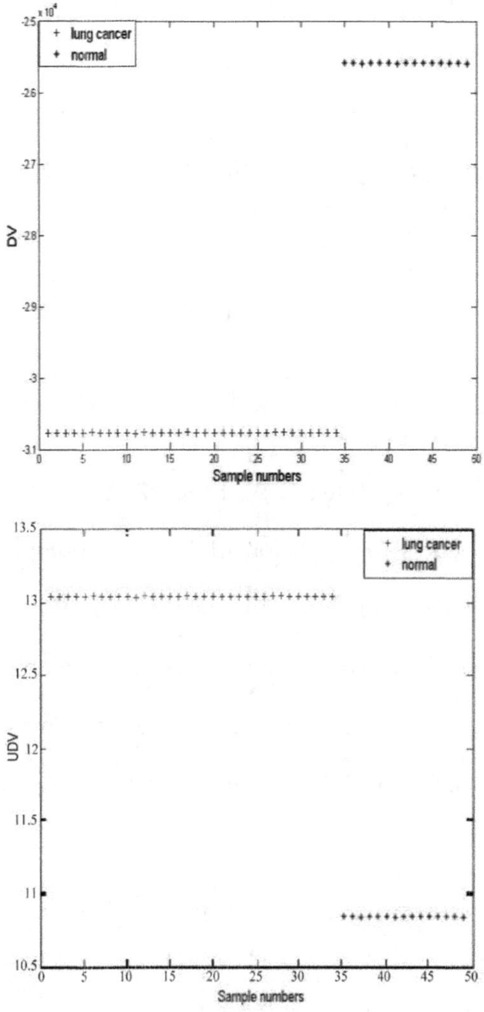

图 3-15 MSC-LDA 和 MSC-ULDA 的分类结果

3.2.4 结论

ULDA 或 LDA 结合多元散射校正预处理方法可以准确区分肺癌患者样本与正常样本。本研究为肺癌的早期鉴别研究提供了新的途径，在临床应用和学术研究上都具有一定的价值。

参考文献

[1] Hegazy M A, Boltia S A, Fayed A S, et al. Advanced chemometrics manipulation of UV-spectroscopic data for determination of three co-formulated drugs along with their impurities in different formulations using variable selection and regression model updating[J]. Spectrochimica Acta Part A Molecular & Biomolecular Spectroscopy, 2018(202): 359-367.

[2] 赵猛，梁晓雪，刘家琴．化学计量学辅助紫外分光光度法同时测定槲皮素和七叶内酯[J]．绵阳师范学院学报，2014, 33(5): 31-35.

[3] Wu Z, Li H, Long J, et al. Discrimination of Chinese rice

wines of different geographical origins by UV-vis spectroscopy and chemometrics[J]. Journal of the Institute of Brewing, 2015, 121(1): 167-174.

[4] Chu X L, Yuan H F, Lu W Z. Progress and Application of Speceral Data Pretreatment and Wavelength Selection Method in NIR Analytical Technique[J]. Progress in Chemistry, 2004(16): 528-541.

[5] Magwaza LS, Naidoo, SIM, Laurie, SM, et al. Development of NIRS Models for Rapid Quantification of Protein Content in Sweetpotato [J]. LWT-Food Science and Technology, 2016(72): 63-70.

[6] 于忠臣，牛源麟，钟柳波，等. 紫外分光光度法对超高浓度含油废水的测定[J]. 当代化工, 2015, 44(3): 653-656.

[7] 张少文，王万慧，孙雪萍，等. 荧光光度法测定纸中荧光增白剂VBL[J]. 理化检验—化学分册，2015,51(2): 164-167.

[8] 毛希琴，李春玲，任国杰，等. 高效液相色谱法同时检测化妆品中38种限用着色剂[J]. 色谱，2015，33(3): 282-290.

[9] 郝玲花，戚燕，杨庆云，等. HPLC法和旋光光度法测定

布洛芬注射液中精氨酸含量的方法比较[J]. 沈阳药科大学学报, 2013, 30(6): 442-445.

[10] 刘飞, 董大明, 赵贤德, 等.水体 COD 的光谱学在线测量方法——紫外和近红外光谱比较分析[J].光谱学与光谱分析, 2017, 37(9): 2724-2729.

[11] 刘秀明, 李源栋, 张翼鹏,等. 紫外光谱结合化学计量学方法用于香精质量差异辨别[J].中国食品添加剂, 2018(8):193-200.

[12] Zhu D K, Hui J, Rowell N, et al. Interpreting the Ultraviolet Absorption in the Spectrum of 415 nm-Bandgap CdSe Magic-Size Clusters[J]. The Journal of Physical Chemistry Letters, 2018(9): 2818-2824.

[13] 李艳坤, 王涵, 贾明静, 等. 紫外分光光度法结合化学计量学方法对复方氨酚烷胺类药物的分析[J]. 分析化学进展, 2018, 8(1): 18-24.

[14] 杜琳. 兴西湖水质近期变化分析——基于灰关联模式识别法的分析[J]. 黑龙江科技信息, 2008(24): 180-181.

[15] 蔡广强, 张金松, 刘彤宙, 等.基于主成分分析的中国南方某市水库水质评价[J]. 环境科学与技术,2018,41(S2): 88-94.

[16] 玉洪超，聂秋月，姜明新.人工神经网络在地下水污染评价中的应用[J].山东水利, 2008,38(3):29-30.

[17] 孙莉宁，张之源，罗定贵.基于 MATLAB 实现的 ANN 方法在巢湖水质评价中的应用[J]. 安徽大学学报(自然科学版), 2005(2): 90-94.

[18] 高爽. 主成分分析-BP 神经网络法在漳河水质评价中的联合应用[D]. 石家庄：河北工程大学, 2018.

[19] 崔永华，左其亭. 基于 Hopfield 网络的水质综合评价及其 Matlab 实现[J].水资源保护, 2007, 32(3):14-16.

[20] 席新林，许兆义，鄢贵权，等. 基于 Matlab 三种模糊算子的地下水水质评价模型[J].水资源与水工程学报, 2004, 47 (4): 39-43.

[21] 鄢贵权，苏艺，王伍军，等. 基于 Matlab 模糊算子的地下水水质评价[J].贵州科学, 2003 (2):9-13.

[22] 胡晓红，周金池. 拉曼光谱的应用及其进展[J]. 分析仪器, 2011(6): 1-4.

[23] 白利涛，张丽萍，赵国文. 拉曼光谱的应用及进展[J]. 福建分析测试,2011, 20(2): 27-30.

[24] 杨芳. 拉曼光谱技术与应用[J]. 中国当代医药，2010, 17(27):12-13.

[25] 张延会，吴良平，孙真荣. 拉曼光谱技术应用进展[J]. 化学教学, 2006(4):32-35.

[26] 李维红，徐怡庄，吴瑾光，等. 肿瘤和正常组织的 FT-Raman 与 FT-IR 研究[J]. 光散射学报，1998，10(3): 114-119.

[27] 凌晓锋，李维红，宋苑苑，等. 胃癌组织的拉曼光谱初探[J]. 光谱学与光谱分析, 2000, 20(5): 692-693.

[28] Lin X F, Song Y Y, Soloway R D, et al. Fourier transform Raman spectra can separate most normal and malignant tissue[J]. Gastroenterology, 2000, 118(4): 1398-1400.

[29] 闰循领，王秋国，董瑞新,等. 结肠癌病人几种细胞的 Raman 光谱[J]. 光谱学与光谱分析，2003，23(6): 1129-113l.

[30] 佟倜，叶松，安利民，等. 鳞癌及其癌旁组织的共聚焦激光拉曼光谱分析[J]. 吉林大学学报(医学版)，2004, 30(5): 813-815.

[31] Mahadevan J A, Mitchell M F, Ramanujam N, et al. Development of fiber to optic probe to measure NIR Raman spectra of cercica tissue in vivo[J]. Photochem Photobiol, 1998, 68(3): 427-43l.

[32] Gniadecka M, Wulf H C, Nielsen O F, et al. Distinctive molecular abnormalities in begin and malignant skin lesions:studies by Roman spectroscopy[J]. Photochem Photobiol, 1997, 66(4): 418-423.

[33] Hery C M. Roman spectra of breast tissue[J]. Anal Chem, 1996, 68(23): 718-719.

[34] Frank C J, McCrceery R L, Redd D C. Roman spectroscopy of normal and diseased human breast tissue [J]. Anal Chem, 1995, 67(5):777-783.

[35] Nijssen A , Maquelin K , Santos L F , et al. Discriminating basal cell carcinoma from perilesional skin using high wave-number Raman spectroscopy[J]. Journal of Biomedical Optics, 2007, 12(3):034004.1-034004.7.

第 4 章　模式识别方法在医学诊断中的应用

4.1　人体内微量元素对肺癌的诊断研究

4.1.1　引言

人体的组成十分复杂，每个器官所拥有的细胞很多，数量十分惊人。细胞是人体中最小的生命单位[1]。人体中的细胞不是一成不变的，而是按着一定的规律进行正常的生长、分裂与凋亡，人体才得以维持正常的功能[2]。然而，由于身体内外环境因素的变化，细胞的生长有时会出现异常。癌细胞就是一种不正常生长的细胞，其生长速度惊人，而且不受控制，慢慢地就形成了肿瘤[3]。肿瘤发生免疫逃逸后，免疫系统不能发现异常，肿瘤肆无忌惮地发展生长，就会变成恶性肿瘤，这就是通常所说的癌症[4]。癌细胞可以不受约束地生长，严重消耗人体内的正常生命物质，并且会释放出很多的毒素，对人体的正常机能造成不良影响。癌细胞可以扩散到身体的各个部位，最为严重的后果是导致人体各项脏器衰竭，最终导致病人死亡[5]。世界卫生组织的报告中指出，20世纪 80 年代，全世界的癌症发病人数每年约 700 万人，癌症死亡率也比较高，每年约 500 万人死于癌症。到了 90 年代，全世界每年约 1000 万人患癌，每年死亡人数更是达到了 700 万人[6,7]。

当前医疗环境已经大大改善，医疗技术也越来越完善，各种大型仪器的使用也比较普遍，医疗手段更趋多元化，但是想成功治愈癌症患者，仍然有很大的难度。癌症死亡率高的主要原因是，癌症发现晚，治疗难度很大，晚期癌症治愈的希望极微。如果能早期发现，患者生存几率很大[8,9]。由于癌症病变细胞所处的位置不同，时期也不一样，治疗方法也就更加复杂，单一的治疗手段往往捉襟见肘，起不到良好的效果。所以要对患者进行全方位多角度的治疗[10,11]，包括传统的手术方法与化疗放疗的结合，或结合中药疗法。近年来新兴的靶向治疗，是在细胞分子水平上，针对已经明确的致癌位点的治疗方式（该位点可以是肿瘤细胞内部的一个蛋白分子，也可以是一个基因片段）[12]。

目前，针对癌症的诊断方法主要有如下方法：①利用现代仪器照射人体，得到内部的影像信息，通过影像对人体内部脏器有一个大致的了解，对病情做出判断，比如 X 射线、CT 等；②利用内窥镜进行检查，可以近距离的对脏器进行检查，也可以通过内窥镜取出一些病变的组织进行病理学分析，比较常见的有胃镜、肠镜等；③利用肿瘤标记物及基因检测等方法[13,14]。

目前，肺癌的死亡率居各肿瘤死亡率之首，要提高肺癌病人存活率的最好办法是早期诊断并早期治疗[15,16]。但是，临床中快速准确检测出早期恶性肿瘤比较困难[17]，当前临床对肺癌的确诊方法无论在敏感性还是特异性上都没有达到理想的结果[18]。所以，为了能尽早及时可靠地确诊和治疗，提高治愈率，亟待找到早期肺癌确诊的可靠方法。

人体血液样品和组织细胞相比，具有制备方便快捷、容易提取检测的优点，不会对患者带来严重伤害[19]。人体血液中含有大量信息，当前医学上主要是基于血清中的蛋白肿瘤标记物质（Tumor Marker, TM），例如癌胚抗原（CEA）、甲胎蛋白（AFP）、神经元特异性烯醇化酶（NSE）和糖类抗原（CA）等对癌症进行早期筛查，但在肿瘤筛查中蛋白肿瘤标记物质存在敏感低、正确度低、特异性差的缺点[20-22]。寻找特异性高的肿瘤标志物或者新的诊断方法，一直是早期癌症确诊的研究目标。

人体内的微量元素[23]可以对身体健康产生重要影响。但其影响不能仅由含量多少来确定，微量元素和微量元素之间相互作用机制目前还不够明晰。有一些相似化学性质的元素可以通过在代谢系统及细胞表面相互竞争达到生物学功能的改变，也可以通过与生命个体组成成分之间的彼此互相协同作用达到其正常生理功能的目的。人体吸收代谢以及毒性作用会受到多种元素相互作用的影响。赵先文等人[24]为了寻找肺癌与微量元素之间的关系，测定了肺癌病人和健康人血清中的几种微量元素含量，其中包括铜、锌、铁、锰、钙等，并计算了铜与锌的比值，测量结果显示肺癌病人与健康人对照相比，在血清中含有更多的铜和锰元素，且其铜与锌的比值也比较高；刘艳源等人[25]讨论了胃癌与微量元素之间的关系，并测出胃癌患者和健康人血清中铜、铁、锌、镁、钙的含量，实验结果表明人体血清中某些微量元素发生含量上不正常的变化，可能对胃癌的发生产生促进作用[26]。

本章结合接受者操作特性曲线（Receiver Operating Characteristic，ROC）和独立样本 T 检验讨论人体全血中各微量元素以及铜/锌比值在肺癌诊断上的价值，希望能为尽早对肺癌做出科学合理的诊断提供新的研究方向，探寻潜在的临床生物标记物。

4.1.2 实验过程

与合作医院共同检测50例健康人和46例肺癌患者的全血中7种微量元素含量，包括锌（Zn）、铁（Fe）、钙（Ca）、镁（Mg）、镉（Cd）、铜（Cu）、铅（Pb）。

采用微分电位溶出法检测铅、镉、铜；采用极溶出伏安法检测铁、锌、钙、镁。

4.1.3 分析与结果

ROC 曲线分析法是在目前的医学领域，尤其是流行病和一些临床疾病研究方面，用于挑选和评价诊断准确与否的一种方法。ROC 曲线分析是评价诊断性试验优劣和确定临界值的一种方法。ROC 曲线以及 ROC 曲线在图像中所围成的面积可以对某些微量元素的作用进行客观评价[27]。用 0 代表正常样本，1 代表肺癌患者，将 96×8（样本×微量元素项目）的数据矩阵导入 SPSS 分析软件中。微量元素含量为检验变量，肺癌和健康为状态变量，以 1-特异性作为横轴，诊断敏感度作为纵轴，绘制得出 ROC 曲线图，如图 4-1 所示。

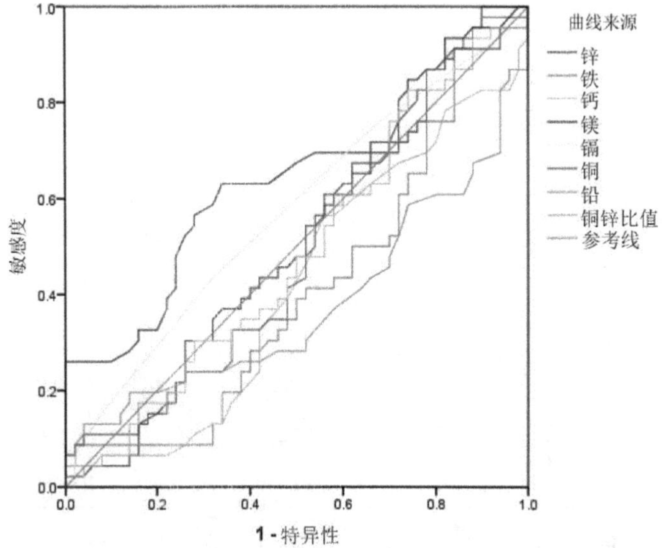

图 4-1 微量元素的 ROC 曲线分布

从图 4-1 可以看出，微量元素和铜锌比值的 ROC 曲线在对角线附近。其中，镁元素的曲线部分跟其余元素的曲线相比而言，离对角线距离更远一些，在图中的微积分面积也更大一些（0.640）。其他的元素曲线形态分布有相似性，区分不明显。显然镁元素的曲线更加清晰显著一些，其在图中的位置更接近图的左上角部分，也就是说它的曲线的微积分面积在所有曲线中是最大的。

之后利用 SPSS 软件中的独立样本 *T* 检验对肺癌患者

和健康人全血中的微量元素进行显著性分析，结果如表 4-1 所示。

表 4-1 微量元素的独立样本 *T* 检验

微量元素	正常（*n*=50）	患病（*n*=46）	*P*
锌	133.93	132.838	0.770 （*P* =0.05）
铁	114.06	110.782	0.338 （*P* =0.05）
钙	1.29	1.281	0.528 （*P* =0.05）
镁	0.94	1.026	0.004 （*P* =0.05）
镉	0.02	0.023	0.487 （*P* =0.05）
铜	12.05	12.247	0.474 （*P* =0.05）
铅	63.86	60.004	0.044 （*P* =0.05）

综上所述，利用人体血液内 7 种微量元素含量以及铜锌比值对肺癌患者和健康人进行鉴别分析。从各微量元素和铜锌比值的 ROC 曲线结果可以得出，镁元素对诊断的效果是最佳的。在独立样本 *T* 检验对各元素的分析结果中，镁和铅所对应的结果分别为 0.004、0.044（$P<0.05$），存在显著性差异，但两者中以镁的显著性差异更显著，即微量元素镁在正常样本和患者样本中的含量差异最为显著。而近年来发表的一些相关文章中[28]，大多描述的是在恶性肿瘤患者血清中出现铜和铜锌比值升高的现象，铜锌比值比单独铜、锌对疾病的临床诊治判断更准确。相比较，本章研究结果出现不同，

可能原因为：本研究以全血中微量元素含量为对象，而上述发表文献中大多是以血清中微量元素含量为主；个体本身身体状况、饮食习惯、生活环境等因素也会对全血中微量元素的含量产生影响。根据相关文献研究表明，人体有很多器官和部位，其中的微量元素组成和含量是千差万别的，从侧面也显示了人体的复杂性[29]。

今后还需要对其他微量元素进行研究论证，希望提高肺癌患者临床检验的准确性。目前微量元素在各种疾病中所扮演的角色和作用还不够明晰，不同的微量元素之间也会存在相互的协同或者抑制作用。在癌症的诊断中，微量元素仍然缺少系统性针对性研究，需要进一步探索其在癌症中的分子生物学行为。若能完全搞清人体微量元素与癌症发生的相关性及相应的机理，可能给医学工作者提供新的思路和方法，对癌症的早期诊断与治疗将具有重要的意义[30]。

4.2 人体血清中氨基酸的肺癌诊断

4.2.1 引言

早期诊断和及时治疗是提高癌症患者生存率的最有效途径。人类血清含有大量的潜在信息，可为癌症诊断和治疗提供帮助。与组织和体细胞检测相比，血清样品简便、快速、易于提取和检测，对患者的伤害更小。但目前，在传统的肿瘤血清标志物，包括甲胎蛋白（AFP）、癌胚抗原（CEA）、糖类抗原（CA）和神经元特异性烯醇化酶（NSE）等的临床诊断中，存在诊断敏感性低、特异性低的问题。

为了解决上述问题，人们一直在寻找新的高度特异性的血清肿瘤标志物。医学界认为氨基酸代谢是生命活动的基础，人体氨基酸水平的变化与许多疾病密切相关。恶性肿瘤患者的机体大多处于高代谢状态，体内蛋白质合成和分解代谢同步增加。作为蛋白质合成的原料和蛋白质分解代谢的产物，氨基酸的组成和水平可以反映患者的代谢状态。肿瘤组织生长迅速，增殖不受限制，需要大量吸收和消耗氨基酸，可能导致氨基酸代谢缺陷。恶性肿瘤对氨基酸的需求高被认为将产生“氮陷阱（Nitrogen Trap）”现象[31,32]。有实验表明，在肝癌患者的体内，由于肝癌细胞的营养掠夺，精氨酸、牛磺酸、甲硫氨酸、苏氨酸、谷氨酸等的消耗明显地增加。此外，还有研究发现，肿瘤的分期也有可能影响体内氨基酸的水平，肿瘤的早晚期对于氨基酸的种类需求和含量需求都有不同，例如随肝脏储备功能的下降，肝癌患者血清中的酪氨酸、苯丙氨酸、蛋氨酸的浓度均有所升高。另有研究发现，对肾癌患者血清中的氨基酸水平进行测定，发现在检测的15种氨基酸之中有13种氨基酸组分降低，只有2种上升。而将大肠癌患者血清中的氨基酸含量与正常人作比较，发现所测得的共26种氨基酸之中有11种氨基酸含量显著地降低[33-35]。

近年来，模式识别方法，如线性判别分析（LDA）、主成分分析（PCA）、支持向量机（SVM）和随机森林（RF）等[36-39]已被应用于癌症检测。然而，与血清中氨基酸结合的模式识别方法的研究工作有待系统深入地开展。模式识别方法从目标物质的测量数据中推断出目标物质的基本属性，然后对目标物质进行识别和分类。本章采用非相关线性判别分析（ULDA），找到子空间和特征变量的最佳分类，并将利用肺癌患者和健康人血清中17种氨基酸的含量数据进行诊断。

采用模式识别方法时，目标数据的特征提取和降维是非常重要的。保留特定于样品有用的信息，同时舍弃无用信息。应用了多种特征提取方法，如主成分分析（PCA）、偏最小二乘判别分析（PLS-DA）、K-均值聚类分析[40-46]、非相关线性判别法（ULDA）[47-51]等。它们目前已成功应用于代谢组学、蛋白质组学和基因表达谱的数据分析中[52-55]。ULDA

算法，旨在通过最大化两类目标之间的距离，同时最小化目标与目标类平均值之间的距离，找到判别方向。

研究结果表明，利用ULDA模型结合17种氨基酸水平数据对肺癌患者和健康人进行鉴别，ULDA的预测灵敏度和特异度均达到100 %。同时，利用ULDA模型得到的转换矩阵 $\boldsymbol{G}$，结合 T 检验平均方差上的显著差异，选择出几种潜在肺癌特征氨基酸生物标志物。与传统的 PCA、PLS-DA、K-Means 和人工神经网络（ANN）模式识别方法相比，从ULDA 中获得的非相关判别矢量（UDV）具有更好的分类能力。因此，ULDA模型被认为是一种有效的特征提取和分类方法，可以应用于人血清中氨基酸水平的分析，可能为癌症检测和潜在的肺癌生物标志物选择提供新的途径，从而构建高效的癌症检测模型。

4.2.2 样本与实验

志愿者中有31名健康人和50名肺癌患者。采用高效液相色谱（HPLC）检测血清中17种具有临床诊断价值的氨基酸，包括天冬氨酸（ASP）、谷氨酸（GLU）、组氨酸（HIS）、丝氨酸（SER）、精氨酸（ARG）、甘氨酸（GLY）、苏氨酸（THR）、牛磺酸（TAU）、脯氨酸（PRO）、丙氨酸（ALA）、缬氨酸（VAL）、蛋氨酸（MET）、胱氨酸（CYS）、异亮氨酸（ILE）、亮氨酸（LEU）、苯丙氨酸（PHE）和赖氨酸（LYS）。

氨基酸衍生方法：取 100 μL 标准溶液或样品水解液于 1.5mL 离心管中，加入缓冲溶液（pH 9.0）200 μL、300 mg/mL 2,4-二硝基氯苯 100 μL，漩涡混匀，于 90℃恒温水浴锅中避光反应 90 min，反应结束后加入 10%（v/v）乙酸，调 pH 为中性，以水定容至 1.00 mL，混匀，取上清液过 0.45 μm 有机膜后，放一旁备用，待测。

4.2.3 结果与讨论

（1）ULDA 方法的分类结果

首先，将样本数据分为两部分。随机抽取肺癌患者 25 例、健康人 15 例进行建模，其余的 25 例肺癌患者、16 例健康人进行预测。分类目标数是两个，即癌症患者和健康人。从而每个样本对应得到一个非相关判别矢量，转换矩阵 **G** 也是一维的。因此实现了二维空间数据降维与可视化，降低了数据的复杂度，增强了数据的解释能力。所得样本的非相关判别矢量如图 4-2 所示。

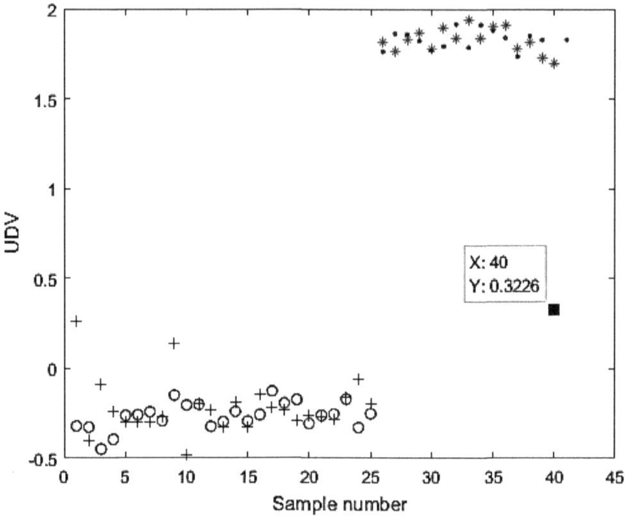

图 4-2 ULDA 分类结果图

注："+"：癌症患者建模样本；"*"：健康人建模样本；

"o"：癌症患者预测样本；"•"：健康人预测样本

在图 4-2 中，我们清楚地发现了一个偏差样本，它是健康组的第 30 个样本。经考察该样本是一个坏样本，在储存样本的底部发现有明显的沉淀物，可能是由于存放不当造成的。该样本的 17 个氨基酸检测含量也远低于其他正常样品的数值。因此，可以看出 ULDA 方法也可以作为判断奇异样本的一种方法。

将问题样本删除后，同样地，25 例肺癌患者样本和 15

例健康人样本被随机抽取进行建模，其余 25 例肺癌患者和 16 例健康人样本被用于预测。分析结果如图 4-3 所示。

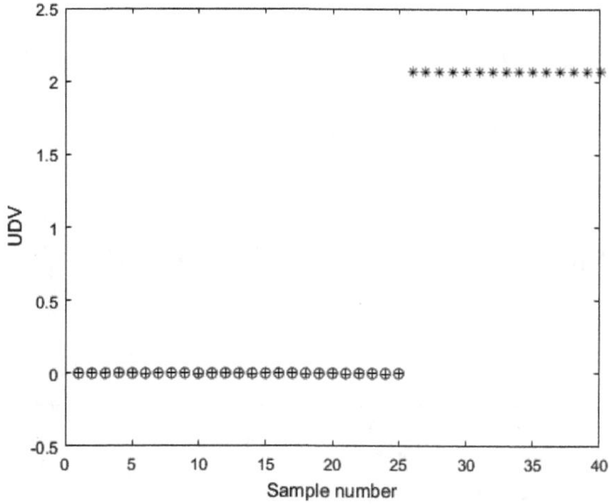

图 4-3 ULDA 分类结果图

注："+"：癌症患者建模样本；"*"：健康人建模样本；

"o"：癌症患者预测样本；"·"：健康人预测样本

从图 4-3 中可以清楚地看到，经过 ULDA 方法得到的 UDV 值可以完全区分肺癌患者和健康人。癌症患者建模样本的 UDV 值与癌症患者的预测样本 UDV 值仅有很小的差异，它们几乎在同一条线上。健康人的 UDV 值也是如此。通过诊断的敏感性和特异性来评价诊断的准确性，两个指标均达到 100%，说明该方法结合氨基酸水平可用于肺癌的判断鉴别。

由于 UDV 是原始变量在转换矩阵 **G** 上的投影，因此由 ULDA 得到的转换矩阵 **G** 可以看作是原始变量的“载核”。当载核的绝对值较大时，相应的变量对分类结果的影响更为显著。在图 4-4 中，给出了对应 17 个氨基酸的转换矩阵 **G**，图中选取了几个绝对值较高的变量，分别对应 VAL、THR、LEU、PHE 和 HIS，它们可以被看作是肺癌诊断潜在的生物标志物。

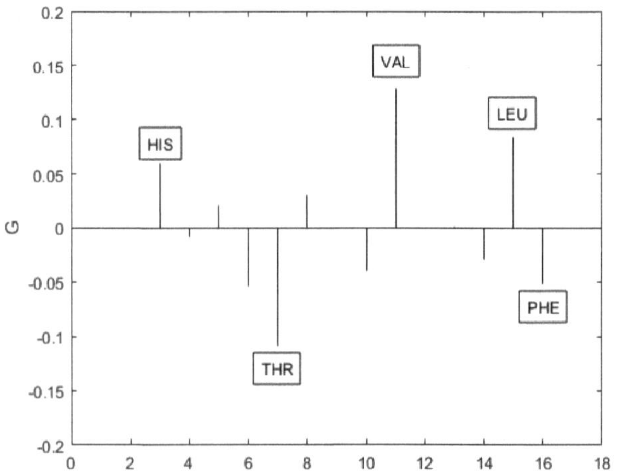

图 4-4 ULDA 的 **G** 矩阵图

为了评价上述 5 种潜在生物标志物的性能，用该 5 种氨基酸代替原始数据的 17 种氨基酸输入 ULDA 模型进行分析，数据集的分类结果如图 4-5 所示。可以看出，尽管这两类的 UDV 值没有图 4-3 所示的那样高度集中，但所有癌症样本的 UDV 值都接近于零，所有健康样本的 UDV 值都远高于零。预测灵敏度和特异性也达到了 100 %，表明采用 5 种氨基酸指标就可以鉴别肺癌患者和健康人。该方法对肺癌潜在氨基酸生物标志物的筛选具有较好的应用前景。综上所述，ULDA 模型结合 5 种可能的氨基酸生物标志物，有望用于肺癌的鉴别诊断。

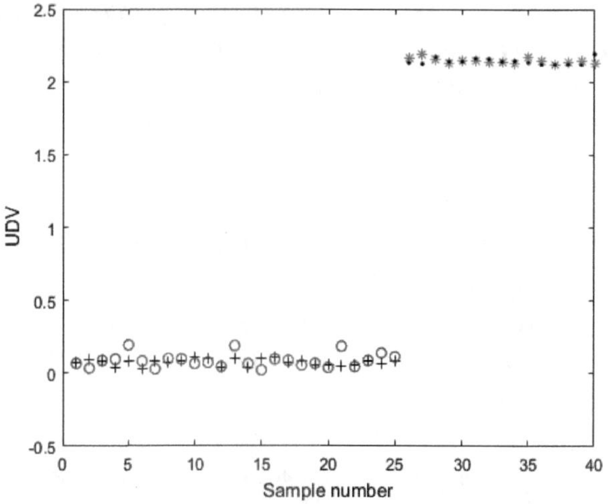

图 4-5 五种氨基酸数据的 ULDA 分类图

注："+"：癌症患者建模样本；"*"：健康人建模样本；

"o"：癌症患者预测样本；"·"：健康人预测样本

（2）T 检验结果

采用统计处理方法 T 检验对数据进行分析。氨基酸的测定结果用“均值±标准差”表示，T 检验发现肺癌患者与健康人的某些氨基酸数据存在显著差异。相应的分析结果列于表 4-2。

表 4-2 癌症患者血清氨基酸水平与正常组（mg/L, ±s）的比较

Amino acid	健康人 （n=30）	癌症病人 （n =50）	t
ASP	14.59±0.21	12.58± 0.42	4.256 （P = 0.001）
GLU	13.46±0.28	15.39± 0.43	-3.727（P =0 .002）
HIS	10.55±0.15	7.18 ±0.21	12.794（P = 0.000）
SER	19.10±0.46	21.10± 0.90	-1.974（P = 0.052）
ARG	8.23±0.25	11.86± 0.39	-7.827（P = 0.000）
GLY	19.81±0.35	18.32± 0.52	2.370 （P = 0.020）
THR	11.06±0.27	11.54± 0.42	-0.979（P = 0.331）
TAU	10.13±0.22	9.78± 0.38	0.794 （P = 0.430）
PRO	13.87±0.24	11.81±0.37	4.657 （P = 0.001）
ALA	27.86±0.52	27.60± 0.56	0.347 （P = 0.729）
VAL	26.74±0.31	15.64± 0.42	21.061（P = 0.000）
MET	0.48±0.09	1.17± 0.23	-2.804 （P =0.007）
CYS	0.01±0.002	0.01± 0.003	-0.044（P = 0.965）
ILE	5.09±0.11	4.22± 0.22	3.493 （P = 0.001）
LEU	16.91±0.24	11.46±0.28	14.672（P = 0.000）
PHE	4.58±0.12	6.18± 0.15	-8.258（P = 0.000）
LYS	0.84±0.06	3.92±0.73	-4.207（P = 0.002）

从表 4-2 可以看出，肺癌组 5 种氨基酸（GLU, SER, ARG, MET 和 PHE）的平均水平均高于正常组，肺癌组其他氨基

酸含量明显低于正常组。结果证明恶性肿瘤对氨基酸需求量大产生了“氮陷阱”（Nitrogen Trap）现象。将肺癌组血清 SER、 THR、TAU、ALA 和 CYS 水平与正常对照组比较，无统计学意义（P>0.05）。其他氨基酸水平在肺癌患者和正常组之间均有显著差异，特别是氨基酸 HIS、ARG、VAL、LEU 和 PHE（P =0.000）。相比之下，VAL、THR、LEU、PHE 和 HIS 也由 ULDA 模型选择出来作为标志物。因此，*T* 检验方法的结果验证了 ULDA 方法可用于选择肺癌潜在生物标志物。

4.2.4 结论与展望

本研究提出了 ULDA 与人血清中氨基酸数据相结合的模式识别方法，并应用于早期肺癌的检测和潜在肿瘤生物标志物的探索。ULDA 模型能提取疾病特征信息，完全分离癌组和正常组，诊断灵敏度和特异性均为 100%。同时，结合 *T* 检验方法，选择了几种可能的氨基酸肿瘤生物标志物。结合 5 种氨基酸生物标志物的 ULDA 模型也成功地将癌组和正常组进行了分类。与几种传统的分类模型相比，ULDA 给出了更准确的预测结果。虽然仍需进一步深入开展相关工作，但 ULDA 模型可为早期癌症检测和潜在肿瘤生物标志物的探索提供新的途径。

4.3 癌症基因数据的模式识别解析

4.3.1 引言

癌症是世界上危害最为严重的疾病之一，癌症的发病率和死亡率远远高于其他疾病。全球每年约有几千万患者被确诊为癌症，而中国近年来是癌症新增病例最多的国家之一。不良的生活习惯、环境污染、感染传播等因素[56]对人体的影响导致患病率不断上升。癌症是一种由于体细胞突变而导致正常细胞受到侵害而恶性细胞迅速增殖的基因疾病。有关研究表明，一些基因突变与癌症的发病机制有关。在癌症发生的过程中，原癌基因和抑癌基因是最为关键的两类基因。原癌基因在得到致癌因子激活信号后，细胞迅速无限增殖进而影响正常组织发生癌变。抑癌基因则经由过程控制细胞的非正常分解来抑制恶性肿瘤的产生。有关研究已经表明，癌症分为不同的阶段，并且一些基因突变与癌症的发病机制有关。因此，基因的差异表达分析[57]和癌症的快速高效确诊以及临床治疗的深入研究对于癌症的治愈有着十分重大的意义。肿瘤诊断虽然只需要少量的基因，但是搜索空间可能是巨大的，因此特征选择是分类过程中减少基因表达数据维度的重要步骤。

4.3.2 基因表达谱概述

从出生到死亡，遗传物质都受到基因的调节。人体以安全调节的方式高度调节表达重要细胞蛋白的数量和时间，使细胞仅在需要时才产生基因产物。这种调节过程发生在从 RNA 转录到蛋白质的翻译后修饰的基因表达过程的任何一个步骤，通过对基因表达数据进行分类，发现最重要的基因，从而为癌症治疗提供有用的信息。

基因表达谱是通过对大规模不含非转录基因组序列的互补脱氧核糖核酸 cDNA 测序，进而定性、定量分析组织或细胞的基因表达信息。目前基因表达谱数据主要通过基因芯片技术获得。基因芯片技术于 20 世纪八九十年代提出，通过微加工技术构成 DNA 探针阵列，又称 DNA 微阵列，进而将基因芯片技术应用于基因谱表达测定、突变检测等。在生物信息学中，DNA 微阵列技术是一种基于基因表达数据诊断癌症的基准技术[58,59]。微阵列基因表达数据包含大量高维特征基因、较小的训练集和待分类样本，在特征选择中起着重要的作用，有助于诊断和治疗各种各样的疾病。基因表达谱数据分析算法多种多样，各有其不同的优点和缺点，需要根据样本特性及算法功能效果来选择分类方法。基因选择方法的目的是确定基因的生物学相关性。

4.3.3 基因筛选和癌症基因表达数据解析研究现状

4.3.3.1 特征信息提取与基因筛选

基因筛选是在高通量基因数据中应用统计学及化学计量学方法，筛选出样本中具有显著性差异[60]的基因，主要分为过滤法、嵌入法、缠绕法。应用于基因芯片技术的特征提取方法主要有主成分分析、偏最小二乘、最大边缘规则和独立分量分析等方法。传统的基因谱表达分析方法通过从基因数据中提取样本特征，建立相应的聚类和分类模型。对于不同类型或不同变量的数据集进行分析时，应该对数据集选取不同的优化算法以适应数据集的特殊性，并对数据集进行标准化或归一化处理，以消除数据集噪声值的影响。

Zhiyi Mao 等人[61,62]采用随机试验（RT）作为基因表达数据处理的基因选择方法。该方法采用偏最小二乘判别分析（PLSDA）模型中回归系数的统计量来区分肺癌、白血病、非小细胞癌、前列腺癌，并进行重要基因的筛选，以此来评价不同基因之间的差异显著性。

4.3.3.2 基因表达谱数据的模式识别解析

非监督学习算法如层次聚类、自组织映射（SOM）、模糊神经网络（FNN）、K-均值聚类等已被用于癌症基因的识别，但这些技术分类精度往往很低。采用人工神经网络（ANN）、支持向量机（SVM）等技术，利用训练集和预测集对基因表达数据进行特征提取和分类也已经有了深入的研究。ZhenQiang Su[63]利用多模型共识建模方法对未知样本进行分类，并提出了一种分类器共识分类方法，该方法利用特征选择与非特征选择相结合的方法对前列腺癌和乳腺癌进行分类；Zhang Qi 等人[64]对基因表达谱算法中判别分析、决策树、支持向量机、集成算法的运用进行了详细综述，并对各种模式识别算法的优化改进方法做出了简要概述。

近几十年来，人们又提出了许多降维算法。它们可以分为两类，一类是线性模型，另一类是非线性模型。典型的线性模型包括主成分分析（PCA）、非负矩阵因子分解（NMF）、线性判别分析（LDA）、独立成分分析（CA）等；典型的非线性模型包括等熵映射、局部线性嵌入（LLE）、拉普拉斯特征映射等。一般来说，线性降维方法比非线性降维方法更快、更简单。但是，它们不能很好地捕捉数据的内在结构。相反，非线性降维方法要复杂得多，耗时也长。但是，因为内在结构总是非线性的，所以非线性降维方法善于发现和捕捉数据的内在结构。许多传统算法应用于不同特性样本时存在一定的局限性。基于这一原理，Huijuan Lu 等人[65]提出了一种高效的基因表达数据分类特征选择算法。这种算法是一种将相互信息最大化和自适应遗传算法（GA）相结合的混合特征选择算法。与传统的特征选择算法相比，减少的基因表达数据集提供了很高的分类精度；Sarah M. Ayyad 等人[66]应用一种创新的基因表达谱分类方法，即改进的 K-邻近法（MKNN），提高了分类的准确性和精确度；近年来提升算法[67]（Boosting Algorithms）应用于处理肿瘤 DNA 高维数据的研究也日益深入。提升算法最初是为机器学习而开发的，但后来被用于估算统计模型，如自动变量选择和隐式正则化的效果预估。

4.3.3.3 基因表达谱统计分析方法

不同的统计检验方法，包括 *T* 检验、Kruskal-Wallis（KW）检验、SAM 统计分析、Samroc 方法、Hochberg 方法[68,69]等也被广泛应用于大规模基因表达数据中差异表达基因的筛选中。

其中 *T* 检验应用较为广泛，主要分为单样本 *T* 检验、独立样本 *T* 检验、成对样本 *T* 检验等，可以应用 SPSS、SAS、

R 语言、Python 等多种平台实现。

4.3.4 结论与展望

近年来，利用模式识别算法对基因谱高通量数据进行分析研究成为热门课题。利用模式识别算法对癌症样本的高通量数据进行筛选，挑选出表达量或变量具有明显差异性的关键基因。在癌症诊断和治疗中如果能够对病人的关键基因进行表达量的差异分析，将为癌症的诊断、识别分类、靶向治疗提供一种快速可行的方法。

参考文献

[1] 陈万青，郑荣寿，张思维，等. 2012 年中国恶性肿瘤发病和死亡分析[J]. 中国肿瘤, 2016, 25(1):1-10.
[2] 陈万青，张思维，曾红梅，等. 中国 2010 年恶性肿瘤发病与死亡[J]. 中国肿瘤, 2014, 23(1):1-10.
[3] 赫捷，陈万青. 2012 年中国肿瘤登记年报[M]. 北京:军事医学科学出版社, 2012.
[4] 全国肿瘤登记中心. 中国肿瘤登记工作指导手册[M]. 北京:中国协和医科大学出版社, 2004.

[5] Bray F, Parkin D M. Evaluation of data quality in the cancer registry: Principles and methods. Part I: Comparability, validity and timeliness [J]. Eur J Cancer, 2009, 45(5):747-755.

[6] Parkin D M, Chen V W, Ferlay J, et al. Comparability and Quality Control in Cancer Registration. IARC Technical Report No.19[M]. Lyon:IARC, 1994.

[7] Felay J, Burkhard C, Whelan S, et al. Check and Conversion Programs for Cancer Registries. IARC Technical Report No.42[M]. Lyon: IARC, 2005.

[8] 李连弟,鲁凤珠,张思维,等.中国恶性肿瘤死亡率20年变化趋势和近期预测分析[J].中华肿瘤杂志,1997(1): 3-9.

[9] 于亚平. 自然杀伤细胞恶性肿瘤的研究进展[J].现代肿瘤医学, 2009,17(1):150-154.

[10] Freud A G, Caligiuri M A. Human natural killer cell development[J]. Immunol Rev, 2006(214): 56-72.

[11] Spits H, Larlier L L. Natural killer or dendritic：what in a name[J]. Immunity, 2007, 26(1):11-16.

[12] Ferlazzo G, Thomas D, Lin SL, et a1. The abundant NK cells in human secondary lymphoid tissues require

activation to express killer cell Ig-like receptors and become cytolytic[J]. J Immunol, 2004, 172(3):1455-1462.

[13] Omenn G S, Goodman G E, Thornquist M D, et al. Effects of a combination of beta carotene and vitamin A on lung cancer and cardiovascular disease[J]. New Engl J Med, 1996, 334(18): 1150-1155.

[14] Mcwilliams A, Lam B, Sutedja T. Early proximal lung cancer diagnosis and treatment[J]. Eur Respir J, 2009, 33 (3): 656-665.

[15] Sattlecker M, Stone N, Smith J, et al. Assessment of robustness and transferability of classification models built for cancer diagnostics using Raman spectroscopy[J]. J Raman Spectrosc, 2011, 42 (5): 897-903.

[16] Weller D, Vedsted P, Rubin G, et al. The Aarhus statement: improving design and reporting of studies on early cancer diagnosis[J]. Brit J Cancer, 2012, 106(7):1262-1267.

[17] Jeffreya T, Jeffreya H, Catherinel C, et al. DNA methylation analysis: a powerful new tool for lung cancer diagnosis[J]. Oncogene, 2002, 21(35): 5450-5461.

[18] Nicholson J K, Elaine H, Kinross J M, et al. Metabolic

phenotyping in clinical and surgical environments[J]. Nature, 2012, 491 (7424): 384-392.

[19] Garnett M J, Edelman E J, Heidorn S J, et al. Systematic identification of genomic markers of drug sensitivity in cancer cells[J]. Nature, 2012, 483 (7391): 570-575.

[20] Jean-Luc C, Chithra K, Wen Y, et al. Chemoenzymatic probes for detecting and imaging fucose-α (1-2)-galactose glycan biomarkers[J]. J Am Chem Soc, 2012, 134 (134): 4489-4492.

[21] Krishnan S, Mani V, Wasalathanthri D, et al. Attomolar Detection of a Cancer Biomarker Protein in Serum by Surface Plasmon Resonance Using Superparamagnetic Particle Labels[J]. Angew Chem Int Edit, 2011, 50 (5): 1175-1178.

[22] Ayumu T, Hanash S M. Unleashing the power of proteomics to develop blood-based cancer markers[J]. Clin Chem, 2013, 59 (1): 119-126.

[23] He Z L, Yang X E, Stoffella P J. Trace elements in agroeco systems and impacts on the environment[J]. Journal of Trace Elements in Medicine and Biology Organ of the

Society for Minerals and Trace Elements, 2005, 19(2-3):125-140.

[24] 赵先文，韩存芝，荆洁线，等. 微量元素与肺癌的关系及临床应用[J]. 中华流行病学杂志，1998，19(5): 286-289.

[25] 刘艳源，胡汉宁，陈薇，等. 血清微量元素与胃癌相关性研究[J]. 中华实用诊断与治疗杂志，2011，25(3): 228-229.

[26] 陈卫中，倪宗瓒，潘晓平，等. 用ROC曲线确定最佳临界点和可疑值范围[J].现代预防医学，2005，32(7): 729-731.

[27] Abbott, Martin L. Independent Sample T Test. Using Statistics in the Social and Health Sciences with SPSS and Excel[M]. Hoboken: John Wiley & Sons, Inc, 2016.

[28] Yang C S, Newmark H L, Farber E. The role of micronutrient deficiency in carcinogenesis[J]. Crit Rev Oncol Hematol, 1987, 7(4):267-287..

[29] Mahabir S, Spitz MR, Barrera SL, et al. Dietary zinc, copper and selenium, and risk of lung cancer[J]. International Journal of Cancer, 2007, 120(5):1108-1115.

[30] 李艳坤，王涵，曾祥超，等．微量元素的 ROC 曲线和 *T* 检验对肺癌的诊断价值[J]．计算机与应用化学，2017(5): 376-378.

[31] Carrascosa J M , P Martínez, I Núñez de Castro. Nitrogen movement between host and tumor in mice incubated with Ehrlich ascitic tumor cells[J]. Cancer Research, 1984, 44(9):3831-3835.

[32] 梁晓宇，王鹏志，朱理玮,等．胃癌组织中游离氨基酸变化与肿瘤进展程度的关系[J]．肠外与肠内营养，2001, 8(1):1-3.

[33] Nicholson J K , Holmes E , Kinross J M , et al. Metabolic phenotyping in clinical and surgical environments[J]. Nature, 2012, 491(7424):384-392.

[34] Chen F, Li W M, Wang D M, et al. Clinical value of combined detection of serum tumor markers in lung cancer diagnosis[J]. Sichuan Da Xue Xue Bao Yi Xue Ban, 2008, 39(5):832-835.

[35] 胡世莲，王卫东，徐维平，等．非小细胞肺癌患者血清游离氨基酸含量变化的研究[J]．中国临床保健，2004, 7(3): 164-166.

[36] 李娴，刘树业．肝细胞肝癌患者血浆氨基酸水平与 Child-pugh 分级的变化及分析[J]．中国实验诊断学，2009, 13(9): 1172-1174.

[37] Muto Y, Sato S, Watanabe A, et al. Overweight and obesity increase the risk for liver cancer in patients with liver cirrhosis and long-term oral supplementation with branched-chain amino acid granules inhibits liver carcinogenesis in heavier patients with liver cirrhosis[J]. Hepatology Research, 2006, 35(3): 204-214.

[38] Chaubard J L, Krishnamurthy C, Yi W, et al. Chemoenzymatic Probesfor Detecting and Imaging Fucose-α(1-2)-galactoseGlycan Biomarkers[J]. Journal of the American Chemical Society, 2012, 134(10):4489-4492.

[39] Krishnan S, Mani V, Wasalathanthri D, et al. Attomolar Detection of a Cancer Biomarker Protein in Serum by Surface Plasmon Resonance Using Superparamagnetic Particle Labels [J]. Angewandte Chemie, 2011, 50(5):1175-1178.

[40] Taguchi A, Hanash S M. Unleashing the Power of Proteomics to Develop Blood-Based Cancer Markers[J].

Clinical Chemistry, 2013, 59(1):119-126.

[41] Kuroda H, Ushio A, Miyamoto Y, et al. Effects of branched-chain amino acid-enriched nutrient for patients with hepatocellular carcinoma following radiofrequency ablation: a one-year prospective trial[J]. J Gastroenterol Hepatol, 2010, 25(9): 1550-1555.

[42] Wie G A, Cho Y A, Kim S Y, et al. Prevalence and risk factors of malnutrition among cancer patients according to tumor location and stage in the National Cancer Center in Korea[J]. Nutrition, 2010, 26(3): 263-268.

[43] Yang Q, Zhang L, Wang L, et al. MultiDA: Chemometric software for multivariate data analysis based on Matlab[J]. Chemometrics and Intelligent Laboratory Systems, 2012(116):1-8.

[44] Jin Z, Yang J Y, Hu Z S, et al. Face recognition based on the uncorrelated discriminant transformation[J]. Pattern Recognition, 2001, 34(7):1405-1416.

[45] Duraipandian S, Zheng W, Ng J, et al. In vivo diagnosis of cervical precancer using Raman spectroscopy and genetic algorithm techniques[J]. Analyst, 2011, 136(20): 4328-

4336.

[46] Li S X, Zeng Q Y, Li L F, et al. Study of support vector machine and serum surface-enhanced Raman spectroscopy for noninvasive esophageal cancer detection[J]. Journal of Biomedical Optics, 2013, 18(2):027008.

[47] Barman I, Narahara C D. Selective sampling using confocal Raman spectroscopy provides enhanced specificity for urinary bladder cancer diagnosis[J]. Analytical and Bioanalytical Chemistry, 2012, 404(10):3091-3099.

[48] Chu D, Goh S T, Hung Y S. Characterization of All Solutions for Undersampled Uncorrelated Linear Discriminant Analysis Problems[J]. SIAM Journal on Matrix Analysis and Applications, 2011, 32(3):820-844.

[49] 梁逸曾. 复杂体系仪器分析[M]. 北京：化学工业出版社，2012.

[50] Zhang M, Tong P, Wang W, et al. Proteomic profile analysis and biomarker discovery from mass spectra using independent component analysis combined with uncorrelated linear discriminant analysis[J]. Chemometrics & Intelligent Laboratory Systems, 2011, 105(2): 207-214.

[51] Xu W, Zhang L, Huang Y, et al. Discrimination of type 2 diabetes mellitus corresponding to different traditional Chinese medicine syndromes based on plasma fatty acid profiles and chemometric methods[J]. Journal of Ethnopharmacology, 2012, 143(2): 463-468.

[52] Rendall R, Reis M S, Pereira A C, et al. Chemometric analysis of the volatile fraction evolution of Portuguese beer under shelf storage conditions[J]. Chemometrics and Intelligent Laboratory Systems, 2015(142):131-142.

[53] Abdi H, Williams L J. Principal component analysis[J]. Wiley Interdisciplinary Reviews Computational Statistics, 2010, 2(4): 433-459.

[54] Field S, Parker D, Sawilowsky, et al. Assessing the Impact of ADHD Coaching Services on University Students' Learning Skills, Self-Regulation, and Well-Being[J]. Journal of Postsecondary Education & Disability, 2013(26):67-81.

[55] 张明锦，王文明，童佩瑾,等. 非相关线性判别分析用于蛋白质组数据的分类及特征挑选[J]. 计算机与应用化学, 2009, 26(12):1563-1566.

[56] 潘蕾. 基于高通量测序数据的癌症驱动基因集筛选方法研究[D]. 大连：大连理工大学, 2018.

[57] 胡红萍,高帅,孙强,等. 基于基因表达子宫内膜癌的分类[J]. 数学的实践与认识, 2017,47(18):111-115.

[58] Muselli M, Bertoni A, Frasca M, et al. A mathematical model for the validation of gene selection methods[J]. IEEE/ACM Transactions on Computational Biology and Bioinformatics, 2011, 8(5):1385-1392.

[59] 黄薇,方孝东,赵文明,等.分离差异表达基因的方法[J].生物工程学报, 2002(4): 521-524.

[60] 李运明,曹文君,陈长生.六种基因表达谱数据筛选差异表达基因方法的比较[J].中国卫生统计，2009，26(3): 250-254.

[61] Mao Z Y, Cai W S, Shao X G. Selecting significant genes by randomization test for cancer classification using gene expression data[J]. Journal of Biomedical Informatics, 2013, 46(4):594-601.

[62] 毛志毅. 基因表达数据基因筛选与近红外光谱微量成分模型优化方法研究[D]. 天津：南开大学, 2014.

[63] 苏振强.多模型共识数据建模方法研究[D].合肥：中国科学技术大学, 2006.

[64] 张奇,荣雯雯,刘艳.基因表达谱数据分类算法综述[J].实用预防医学, 2018,25(8):1018-1022.

[65] Lu H J, Chen J Y, Yan K, et al. A Hybrid Feature Selection Algorithm for Gene Expression Data Classification[J]. Neurocomputing, 2016, 256(20): 56-62.

[66] Sarah M A, Ahmed I S, Labib M L. Gene expression cancer classification using modified K-Nearest Neighbors technique[J]. BioSystems, 2019(176):41-51.

[67] Mayr A, Honfner B. Boosting for statistical modelling: A non-technical introduction[J], Statistical Modelling, 2018, 18(3-4):365-384.

[68] 单文娟,童春发,施季森.基因芯片筛选差异表达基因方法比较[J]. 遗传, 2008(12):1640-1646.

[69] 史晓雯,肖纯,刘芸良,等.三种统计分析方法在基因表达谱数据中的比较研究[J]. 实用预防医学,2018,25(2): 155-159.

第 5 章　模式识别方法在中药鉴别中的应用

5.1　中药 X 射线衍射谱的模式识别解析

5.1.1　引言

目前对西药的质量检测，主要集中在物质、溶剂残留以及所含成分的化学对映体等方面；对中药以及中成药来说，主要集中在有效成分含量、农药残留、元素光谱等方面。对于西药来说，分析鉴定的核心是界定杂质。因为在药物合成的过程中，可能会生成与药品主要成分相关的副产物，比如中间体、配位体以及需要用来合成的原始物质，这些属于有机杂质；还有一些是无机杂质，包括添加进去的配位体、催化剂以及无机盐等成分。对于中药来说，其在我国已经有几千年的历史。中药的来源多样，成分相对来说十分复杂，成分之间的相互作用构成了中药的效果，对疾病共同起到了作用，对它的质量检测就要全方位覆盖。不单单要重视某一个成分的含量，还要兼顾其他成分。此外，中药中也可能掺加其他成分，比如掺加西药，这对检测则提出更高的要求[1]。

目前运用化学计量学对药品进行分析的应用越来越广泛。程翼宇等人[2]利用小波变换对光谱数据进行分析，并且结合主成分回归分析法，利用氯霉素和甲硝唑两种成分的光谱数据对该方法进行了验证。结果表明该方法既可以将光谱数据中的有效信息提取出来，降低背景、噪音的影响，也可以提高数据分析计算的准确度；王燕等人[3]对小儿苯巴比妥药物中的四组分进行紫外光谱扫描，利用偏最小二乘法以及转换因子法等计量学方法对所获取的光谱数据进行分析比较，最终得出了较好的结果；刘培义等人[4]运用化学计量学中的人工神经网络对甲氧苄胺嘧啶进行了分析。利用该药品的近红外漫反射光谱数据建立了数学模型，对其他的未知样品进行了预测，预测结果符合之前的预期。可见在药物分析中，化学计量学正发挥着越来越重要的作用，光谱分析方法也得到人们越来越多的重视，但测得的数据往往需要提前进行预处理，以达到降噪、剔除冗余信息等目的。常用的方法有平滑、标准正态变换、多元散射校正、中心化、标准化、归一化、小波变换、正交信号校正等[5]。

5.1.2 X 射线衍射（X-Ray Diffraction，XRD）概述

1912 年，劳厄等发现在晶体材料组成中，其中的原子排列有一定的规律性，深入研究发现，其排列是周期性的，且 X 射线照射到这些晶体上时，会发生明显的衍射现象，其中的原子排布形成了衍射光栅。当一束 X 光线照射到晶体表面时，会发生散射现象，照射到不同原子上时，散射方式也是不同的，它们之间会发生干涉现象，可能在某一个方向会有比较强的 X 射线衍射产生，其在空间的分布情况以及衍射强度和晶体本身的结构息息相关，衍射的强度间接反映了晶体的组成成分以及结构特征，这就是 X 衍射的基本原理[6]。

1913 年，英国人布拉格父子[7]在劳厄理论的基础上，对 X 衍射进行了更深入的研究，将一些物质的晶体结构成功测出（比如 NaCl），并提出了著名的布拉格方程，方程式为：$2d_{hkl}\sin\theta=n\lambda$。一个是应用已知波长的 X 射线来测量 θ 角，从而计算出晶面间距 d，用于 X 射线结构分析；另一个是应用已知 d 的晶体来测量 θ 角，从而计算出特征 X 射线的波长，进而可在已有资料中查出试样中所含的元素。式中 d_{hkl}

是晶体中密勒指数为（hkl）的晶面族面间距；θ 为入射 X 射线与晶面的夹角（称为掠射角），表示了衍射方位；n 为正、负整数，表示由同一晶面族所产生的不同级的反射。

关于 X 射线的分析研究，目前有两种重要理论。一种是 Darwin 提出来的运动学理论，该理论最后能够得出正确的射线衍射方向，也能得出衍射的强度。但是建立在该理论上的假设是不合理的，因为射线在晶体结构中会进行多次散射，而且散射的射线既可以与原始射线结合，也可以和其他衍射射线结合，对于最后衍射峰的强度是有干扰的，存在一定误差。所以在理论基础上，又进行了多次校正；另一种是 Ewald 提出来的动力学理论，该理论主要用于比较大的晶体，其结构也要完整，并且认为射线的入射光线与衍射光线是可以相互结合的，随时交换着能量[8,9]。这两种理论从不同角度对 X 射线衍射的分析提出理论指导。

当射线照射粉末晶体样品时，相应的射线衍射图谱是由在空间随机分布的许多小单晶粒形成衍射图谱的叠加而成，结果形成以入射射线为轴线的一组同心圆锥衍射线族，其衍射图谱表现形式为以晶态物质形成的锐峰或非晶态物质形成的弥散峰或为二者共存衍射峰的叠加。各种单一化合物或由多组分形成的混合物都有其自身专属的指纹性粉末射线衍射图谱，且具有指纹性强、分辨率高、易识别、重现性好等特点,因此可以凭借粉末射线衍射图谱对它们进行鉴别[10,11]。

5.1.3 实验部分

利用 X 射线衍射仪对不同生产厂家的七种药品（柏子养心丸、六味地黄丸、牛黄解毒片、牛黄解毒丸、银杏叶片、杞菊地黄丸、普乐安片等）进行 XRD 衍射图谱扫描，如图 5-1 所示。

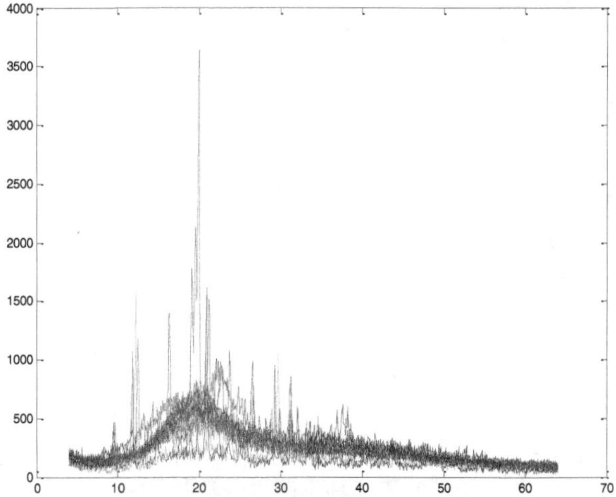

图5-1 样本X射线衍射谱图

5.1.4 结果与讨论

从分类图5-2可以看出，PCA基本上可以将不同种类药物分离开，样本数据点之间呈现“大杂居，小聚居”的特点，其中柏子养心丸和牛黄解毒片样本的聚类效果很好，正确率能达到100%。但是六味地黄丸的样本点有两个没有聚集在一起，正确率为83.3%。由于六味地黄丸属于复方中药，其中的组成元素异常复杂，原料的来源地和商家的制作工艺也会对药品的性质造成影响，从而造成测量的样本点之间的相

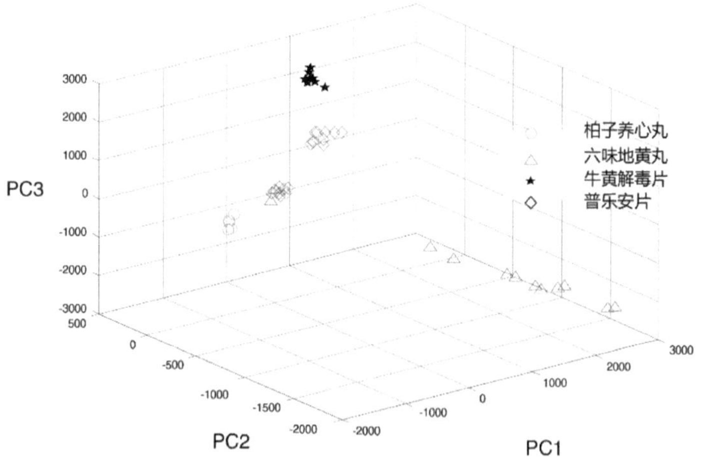

图 5-2 不同种类药物分类效果图

注：o：柏子养心丸；△：六味地黄丸；

☆：牛黄解毒片；◇：普乐安片

对差异性较大。由图5-2还可以看出，普乐安片的分析结果中，样本点虽然与其他药品区分较大，但还是被分到了相对集中的两个区域（与厂家不同有关）。之后又对来自不同生产厂家的同种药品进行分类，选取了四种药品（六味地黄丸、牛黄解毒片、普乐安片、银杏叶片），分类效果如图5-3所示。

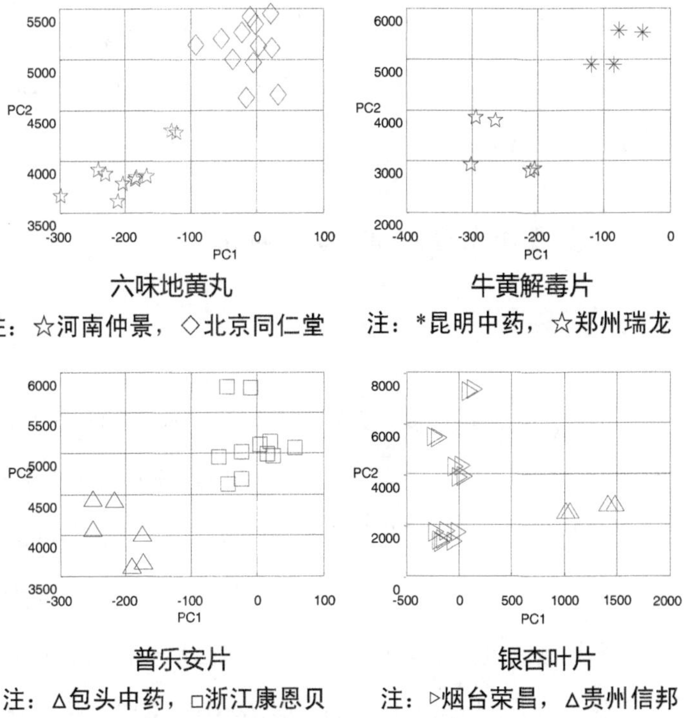

图 5-3 同种药物不同厂家分类效果图

从图5-3可以看出，对于六味地黄丸、牛黄解毒片、普乐安片三种药物来说，两个不同生产厂家产品的XRD衍射光谱数据在经过PCA处理后，被分到了区分明显且集中的两个区域，表明不同生产厂家之间的药品确实存在一定差异。需要说明的是，这里所指的差异是一种数学上严苛的差异，并不意味着这些药品在对疾病的治疗和控制上存在差异，也无法根据这种差异来判断药品的优劣。在对银杏叶片的分类中则表现得不太理想，需要对原始样本的信息进行进一步的研究。

5.2 中药红外光谱的模式识别解析

5.2.1 引言

中药是一个极其复杂的混合物体系，它们的有效成分的确定、定性分析以及掺假鉴别，一直是中药领域的一个难题。而红外光谱（IR）[12,13]因为具有分析成本低，不需对样品进行分离、提取，快捷、简便、绿色环保等优势，已经成为中药研究领域的重要工具[14-17]。红外光谱法是一种成熟的定性定量分析技术，样品所带有的官能团不同，其吸收峰的强度和数目也不尽相同[18,19]。根据此原理，可以通过对比样品的红外光谱图来对不同的化合物进行分析鉴定。其中的衰减全反射中红外光谱技术（ATR-MIR）因其可以直接采集原始样品的红外光谱，不用考虑样品的外观、形状、大小、状态等，已广泛应用于复杂样品的无损及原位检测。

化学计量学是化学的一个分支学科，它应用数学和统计学方法设计和选择测量过程和实验，并通过解析化学数据最大限度地获取化学信息[20]。其在我国已经有二十多年的发展历史，化学工程、药物化学、分析化学、环境化学、有机化学等化学各分支学科的发展为化学计量学这一新兴学科注入了新的活力。化学计量学在各化学分支学科的应用研究也取得了令人满意的成果[21]。随着化学计量学的出现和应用，为红外光谱的数据分析提供了一种新思路、新方法，二者的结合已成为一种快速高效的分析技术，它的优点在于能够在十几秒甚至几秒中完成对被测样品的测量，快速得到光谱数据，再利用化学计量学方法揭示波谱数据中隐含的信息（如结构、种类、性状等）。在中药红外图谱多维信息的分析处理工作中，主成分分析（PCA）、偏最小二乘法（PLS）、人工神经网络技术（ANN）等现代化学计量学方法已经被广泛使用，能够准确地提取出红外光谱图中所隐含的有用信息，真实形象地反映出中药品质、特征的差异[22]。Woo 等[23]使用基于主成分分析的特征投影显示方法（SIMCA）对人参的原产地建立模式识别模型，证明该方法可以作为鉴别人参原产地的有力工具；汤彦丰等[24]利用小波压缩后使用人工神经网络方法（ANN），对中草药大黄的正品与伪品进行分类识别，识别正确率达到 96%以上；张录达等人[25]利用支持向量机（SVM）建立了大黄样品真伪识别模型，对学习集中 33 个样品识别的正确率为 100%，对 70 个预测样品的识别正确率为 96.77%；刘沐华等人[26]也利用 SVM 方法对中药材产地及生长条件进行自动鉴别，并用递归支持向量机等方法选取对分类最有效的特征谱段，结果达到了 92%的正确识别率。

本章研究的柏子养心丸和牛黄解毒丸是两种常见的中成药。两者的组成成分相似，而且用肉眼很难直接区分二者的外形，利用 ATR 全反射测量得到的红外光谱图也极其相似，通过谱峰对比很难直接将二者鉴别区分开来。所以借助化学计量学的方法对谱图进行解析。首先对所测得的光谱数据进行预处理，提取出药品所蕴含的特征信息，摒弃冗余信息；然后通过比较主成分分析和非负矩阵因子分解等不同化学计量学方法分类的结果，最终利用主成分分析将两种药品较好地区分和鉴别开来。由此可知衰减全反射红外光谱法结合化学计量学方法是中药鉴别分析的一种有效手段，是研究中药化学成分及其结构特征的重要方法。该方法避免了传统形态比较分类法的片面性和主观性，能够客观地反映中药材的内在特征，在中药研究方面必将会具有广泛的应用前景。

5.2.2 红外光谱法测量原理

红外波段按波长的不同可划分为近红外、中红外和远红外三个区域，绝大多数有机化合物和无机化合物化学键振动基频均在中红外区域出现。由于分子振动会产生能级跃迁，所以其在红外光谱区具有吸收现象。大部分的有机物和无机物在红外谱区都有吸收现象。在红外光谱中，分子的结构特点主要由波长的位置及其光谱吸收强度反映出来，而且分子化学基团的含量和分子组成的不同，其吸收带的吸收强度也会不一样，这就为红外光谱对药品进行定性、定量分析提供了理论基础。

红外衰减全反射[27,28]（Attenuated Total Reflection, ATR）装置的设计原理就是当红外光束由光密介质射入光疏介质，入射角大于临界角时，光线在两种光学介质界面上发生全反射现象。水平 ATR 附件的光路示意图如图 5-4 所示，高折射指数的晶体材料作为光密介质，如 ZnSe 晶体、KRS-5

和锗等，位于晶体材料上方的是低折射指数的待测样品。

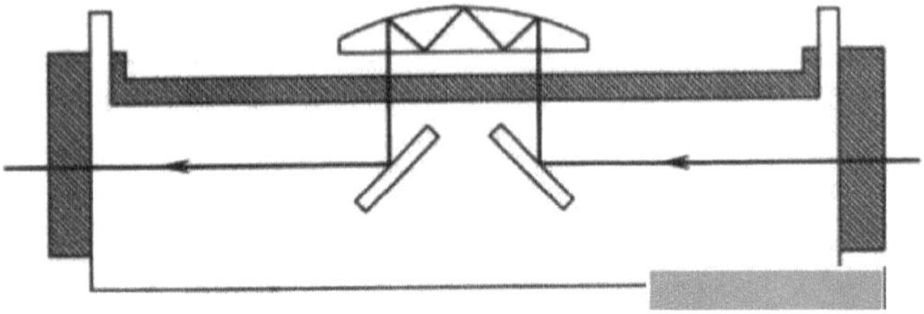

图 5-4 水平 ATR 附件的光路示意图

5.2.3 实验过程

来自不同厂家的柏子养心丸共 11 个样品，来自不同厂家的牛黄解毒丸共 9 个样品。其中含有相同厂家不同批次的药物。

以空气作参比，进行 ATR 扫描，扫描次数为 32 次，分辨率设为 16 cm^{-1}，光谱的采集范围为 4000～400cm^{-1}，温度 20±1℃，相对湿度 35%～37%。每个样品在不同的方位均扫描 3 次，取平均值得到其平均光谱，所得光谱数据为一个 20×7469 的矩阵。

5.2.4 结果与讨论

原始红外光谱叠加图如图 5-5、图 5-6、图 5-7 所示。

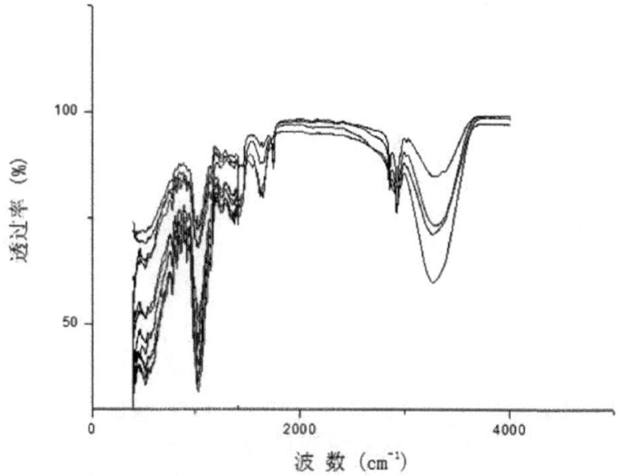

图 5-5 柏子养心丸的 ATR-MIR 原始光谱叠加图

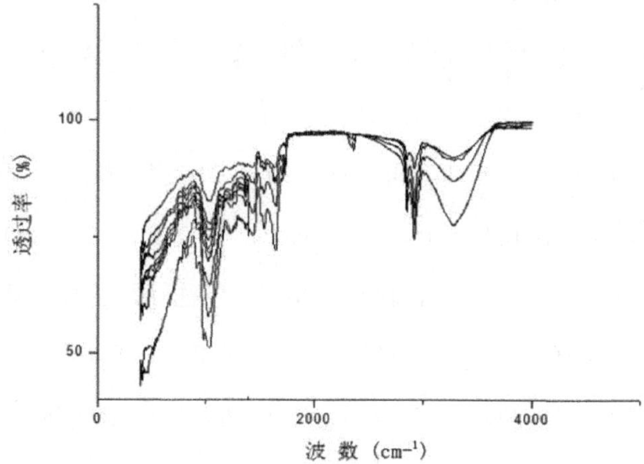

图 5-6 牛黄解毒丸的 ATR-MIR 原始光谱叠加图

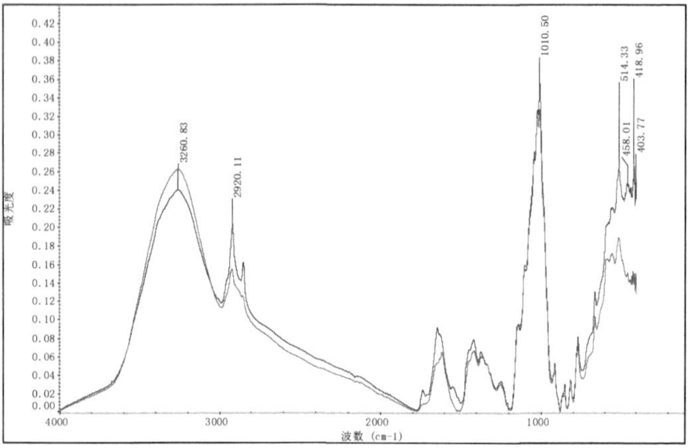

图 5-7 牛黄解毒丸和柏子养心丸的 ATR-MIR 原始光谱叠加图

由图 5-5、图 5-6、图 5-7 可见，两种药物虽然在部分峰强度和峰型上有细微差别，但光谱图基本一致，谱图相似，波峰位置相似。柏子养心丸和牛黄解毒丸的光谱区域范围在 3999.64～449.33 cm^{-1} 之间，从图 5-7 可以看出光谱上分别在 3276.95 cm^{-1}、2916.87 cm^{-1}、1027.76 cm^{-1}、557.43 cm^{-1}、515.53 cm^{-1}、457.75 cm^{-1}、418.98 cm^{-1} 出现了明显的特征峰。根据出现的特征峰推测出可能含有的官能团有无机磷、脂肪烃、伯醇。因二者特征峰位置相似，难以通过谱峰对比将两者鉴别区分。

（1）PCA 分类结果。未对两组红外光谱数据进行预处理，直接用主成分分析法进行分析，得到两种药物的第一和第二主成分图，如图 5-8 所示。

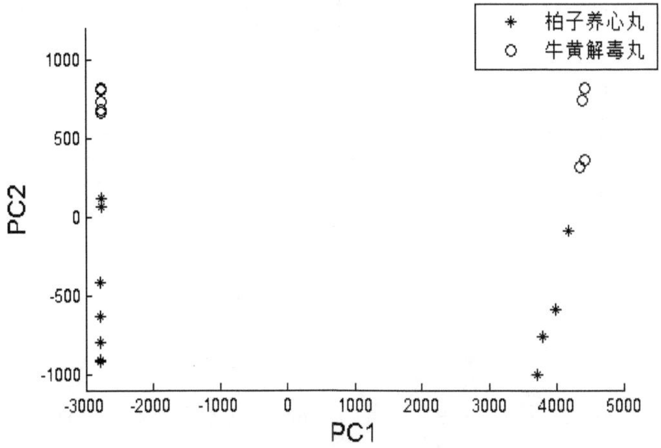

图 5-8 PCA 主成分图

虽然主成分分析能够将各个样品的红外光谱数据矢量投影到低维空间，但从图 5-8 可以看出，未对光谱数据进行预处理时，柏子养心丸和牛黄解毒丸没有各自的聚集区域，分布杂乱无章。所以下一步先对光谱数据进行预处理，然后再进行主成分分析。

（2）MSC-PCA 分类结果。在对光谱数据进行多元散射校正的预处理方法后，利用主成分分析法对柏子养心丸和牛黄解毒丸进行分析，得到两种药物的第一和第二主成分图，如图 5-9 所示。

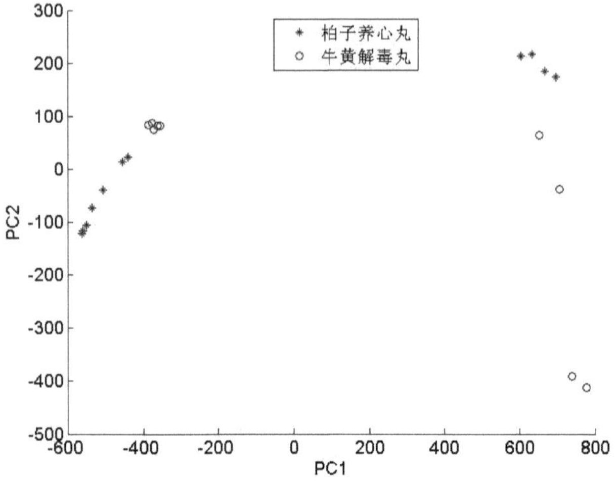

图 5-9 MSC-PCA 主成分图

从图 5-9 可以明显看出，采取多元散射校正预处理方法，PCA 也未使样本得到聚类。

（3）二阶导数-PCA 法。利用一阶导数和二阶导数这两种光谱数据预处理方法，结合主成分分析对柏子养心丸和牛黄解毒丸进行聚类分析，对比聚类结果，选定二阶导数的预处理方法。采用二阶导数对光谱数据进行预处理时需要选取平滑点的个数（n）。n 的取值范围为 5～11，通过对平滑点个数的优化后，取 n=11。然后结合主成分分析法对两种药物进行聚类分析，得到两种药物的第一和第二主成分图，如图 5-10 所示。

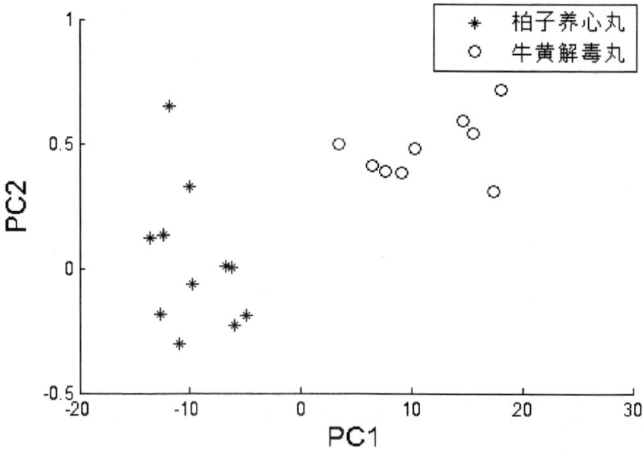

图 5-10　二阶导数-PCA 主成分图

由于对光谱数据求导可以消除背景漂移造成的影响，二阶导数可以消除线性背景平移，因此采用二阶导数对光谱数据进行预处理后，两种药品各自聚为一类，具有明显的聚集区域[29]。

参考文献

[1] 张汉明，许铁峰，秦路平,等. 中药鉴别研究的发展和现代鉴别技术介绍[J]. 中成药, 2000, 22(1):101-110.

[2] 程翼宇，陈闽军，钟建毅. Daubechies 小波主成分回归法

机理及算法研究[J]. 化学学报, 1999, 57(12):1352-1358.

[3] 王燕，陈国松. 化学计量学法辅助紫外分光光度法同时测定小儿复方苯巴比妥片剂中四组分的研究[J]. 分析试验室, 2000(5):27-30.

[4] 黄池宝，张道海，曾伯平，等. 用于糖链抗原 CA19-9 实时动态活检的免疫双光子荧光标记试剂盒[J]. 高等学校化学学报, 2016, 37(4):544-546.

[5] 高荣强，范世福，严衍禄，等. 近红外光谱的数据预处理研究[J]. 光谱学与光谱分析, 2004, 24(12):1563-1565.

[6] Laue M V. Die Absorption der Röntgenstrahlen in Kristallen im Interferenzfall [J]. Acta Crystallographica, 1949, 2(2): 106-113.

[7] Bragg Lawrence. The development of X-ray analysis[J]. Contemporary Physics, 1976, 17(1):103-104.

[8] Ewald P P. Theory of X-Ray Diffraction[J]. Nature, 1942(3807):450-451.

[9] Ewald P P. Dynamical X-ray Optics: Electron and Neutron Diffraction[M]. Berlin: Springer, 1962.

[10] 翁立明，吴云山，吕扬，等. 动物中药材全蝎的粉末 X 射线衍射 Fourier 图谱鉴定[J]. 中国医学科学院学报,

2006, 28(5):700-702.

[11] 明晶, 陈龙, 陈科力,等. 4 种含碳酸钙矿物药粉末的 X 射线衍射与拉曼光谱鉴别[J]. 中华中医药杂志, 2017(3):1340-1343.

[12] 孙素琴, 周群, 秦竹, 等. FT-IR 和 FT-Raman 与中药的质量控制[J]. 光散射学报, 2003, 15(3): 203-207.

[13] 谢晶曦, 常俊标, 王绪明. 红外光谱在有机化学和药物化学中的应用[M]. 北京: 北京科学出版社, 2001.

[14] 刘军. 红外光谱法在药物鉴别中的应用[J]. 天津药学, 1995, 7(2): 67-69.

[15] 李燕, 吴然然, 于佰华, 等. 红外光谱在中药定性定量分析中的应用[J]. 光谱学与光谱分析, 2006, 26(10): 1846-1849.

[16] 周殿凤. 几种常见中药针剂的红外光谱分析[J]. 光散射学报, 2009, 21(1): 69-71.

[17] Hu J Q, Ma X C, Liu L L. Rapid evaluation of the quality of chestnuts using near-infrared reflectance spectroscopy [J]. Food Chemistry, 2017(231): 141-147.

[18] 韩晔华, 霍飞凤, 杨悠悠, 等. 中药指纹图谱研究的某些进展与展望[J]. 色谱, 2008, 26(2): 142-152.

[19] 周建良，齐炼文，李萍．色谱指纹图谱在中药质量控制中的应用[J]．色谱，2008, 26(2): 153-159.

[20] 梁逸曾，吴海龙．化学计量学[J]．现代科学仪器，1998(5): 3-6.

[21] Dong D, Fang C, Xie Z, et al. Application of sampling and analytical quality control to determination of Mn in tea garden soils using chemical extraction[J]. Microchemical Journal, 2002,72(3): 299-304.

[22] 张纪兴.人工神经网络在中药研究领域的应用[J]．广东药学院学报，2011, 2(6): 653-640.

[23] Woo Y A, Cho C H, Kim H J, et al. Classification of cultivation area of ginseng by near infrared spectroscopy and ICP-AES[J]. Microchemical Journal, 2002, 73(3): 299-306.

[24] 汤彦丰，张卓勇，范国强.中草药大黄的近红外光谱和人工神经网络鉴别研究[J]．光谱学与光谱分析，2004, 20(11):1348-1351.

[25] 张录达，苏时光，王来生,等．支持向量机(SVM)在傅里叶变换近红外光谱分析中的应用研究[J]．光谱学与光谱分析，2005, 25(1):33-35.

[26] 刘沭华，张学工，孙素琴．中药材产地的近红外光谱自动鉴别和特征谱段选择[J]．科学通报，2005, 50(4):393-398.

[27] 朱惠菊．红外衰减全反射光谱技术浅释[J]．首都师范大学学报(自然科学版), 2011(s1): 41-43.

[28] Soltani A, Duschek L, Busch S F, et al. A novel accurate method for attenuated total reflection spectroscopy[C]// International Conference on Infrared. IEEE, 2014.

[29] 李艳坤,贾明静,王涵．中红外光谱法结合化学计量学对柏子养心丸和牛黄解毒丸的分析[J]．河北大学学报，2018,38(3): 262-267.

第 6 章　模式识别方法在食品分析中的应用

6.1 引言

近年来，食品、药品原料污染事件以及掺假售假等现象频频发生，使得食品的安全问题备受关注。在食品安全方面，毒大米、含三聚氰胺奶粉、地沟油等食品安全事件引起了人们的高度重视，食品的安全检测成为食品日常检验工作的重中之重。

食用油中含有许多营养成分，提供人体所需要的脂肪酸，维持人体正常的生命活动。油脂在我们的饮食烹调中也占据着重要的地位。所以，食用油品质的好坏直接关系到人们的健康。近年来，食用油的品质与安全问题备受人们关注。每种食用油的营养价值不同，导致其价格差别巨大。一些不法商家为了牟取暴利而违法掺入廉价的油脂，如利用废弃食用油脂以及从动物油脂和内脏提炼出的油脂充当食用油来欺骗消费者，侵害了消费者的权益。这种劣质食用油一般都经过高温加工、煎炸等过程，期间油脂发生了极为复杂的氧化、水解、缩合等劣变反应，因此含有多种过氧化物、醛、酮、重金属等有毒有害物质。长期食用这种劣质油脂会导致各种疾病的发生，甚至会诱发癌症。为了维护合法商家和广大消费者的利益，急需快速、有效的检测手段来检测食用油品质的优劣，以此来满足市场监管的需要。

食用油的掺伪检测一直是世界各国十分关注的问题。常用的物理化学方法费用低廉、操作简便，但是只能对食用油是否掺假进行简单判别，而不能确定掺入的成分或实际掺伪量。核磁共振[1-3]和气相色谱技术[4-6]等大型仪器虽然对掺伪检测具有较高的准确率，但是仪器设备昂贵、前处理复杂、检测周期长且成本高。针对各种掺伪检测方法所存在的不足，迫切需要寻找简便、可靠的方法来满足检测的需要。由于绝大多数有机物和无机物的基频吸收带都出现在中红外区，因此红外区是研究和应用最多的区域，积累的相关科研资料也比较丰富，仪器技术也最为广大分析工作者所熟知。通常所说的红外光谱即指中红外光谱。它是利用物质对红外光区电磁辐射的选择吸收来进行物质结构分析、定性定量测定的一种方法。随着科技的发展，傅里叶红外光谱技术受到广大分析工作者的青睐。傅里叶红外光谱仪具有检测灵敏度高、测量精度高、分辨率高、测量速度快等特点。该方法已广泛地应用于有机化学、无机化学、石油化工、食品和环境等领域。

随着化学计量学软件的发展，利用化学计量学方法来进行定性分析和定量分析越来越受到重视。吴全金等人[7]利用傅里叶红外光谱结合逐步判别分析技术对乌龙茶、绿茶、红茶和白茶按同步建模和特定茶类建模两种策略进行判别研究，结果表明两种建模结果能有效区分四种茶类；胡乐倩等人[8]使用 PCA、GA-SVM 和 PLS-DA 处理纯黑胡椒样本和假黑胡椒样本的傅里叶红外光谱数据。结果显示，PCA 模型揭示了纯黑胡椒样品的聚集趋势，GA-SVM 和 PLS-DA 模型获得准确可靠的分类结果。对于纯黑胡椒样本，GA-SVM 和 PLS-DA 模型的训练集和预测集均实现了 100% 的正确识别率。对于假黑胡椒样本，GA-SVM 和 PLS-DA 模型的总识别率对于训练集大于 98%，对于预测集大于 96%。该研究结果表明，傅里叶红外光谱结合化学计量学可成功应用于黑胡椒掺假鉴别；Monika Chylińska 等人[9]采集水果细胞壁残渣的傅立叶变换红外光谱数据，采用偏最小二乘法分析预测果胶、纤维素和半纤维素的含量。结果表明，红外光谱分析和多元统计方法可用于研究膳食纤维的组成；Endah Kurniawati 等人[10]采用傅里叶变换红外光谱结合偏最小二乘和主成分分析对肉丸肉汤中的猪油进行了分析，对猪油和牛肉脂肪进行了分类。结果表明，FTIR 光谱结合化学计量学可用于肉丸肉汤中猪油的定量分析和分类；王振杰等人[11]利用衰减全反射傅里叶变换红外光谱法对 15 种远志药材进行了区分。

化学分析工作者将傅里叶红外光谱技术结合化学计量学方法来对油脂进行检测也取得了很好的效果。丁轻针等人[12]将 FTIR 与 PCA 和 SIMCA 模型结合起来进行了芝麻油的真伪鉴别，识别正确率达到了 100%。利用 FTIR 和 PLS 对掺伪芝麻油进行定量分析，预测相对误差为-6.87%～8.07%之间，说明此定量分析方法可行。结果表明 FTIR 与化学计量学方法相结合能够简便、快速地进行真伪鉴别和掺伪定量分析。化学计量学结合中红外光谱可对不同来源的正品油、劣质油进行模式识别，具有广阔的应用前景。

6.2 数据的预处理

在用光谱数据来建立校正模型时，必须除掉光谱中与样品无关的信息，针对原始数据的预处理是不可缺少的。目前来说，主要有平滑、导数、多元散射校正（MSC）以及标准正态变量变换（SNV）等预处理方法。

平滑是用来提高光谱信噪比的一种方法，它的数学原理就是认为光谱的噪声是白噪声，符合均值为零的正态分布，因此使用平滑的方法可以有效地减少光谱的噪声。平滑适用于没有规则的随机噪声，对于那些有相关性的噪声，平滑是没有效果的。通过平滑的方法可以十分清楚地看出被噪声掩盖的谱峰；光谱平滑一般是利用Savitzky-Golay算法来对光谱中y值进行平均计算。

移动窗口平滑是从5～25之间选择奇数作为数据点数，也就是说可以选择的点数为5，7，9，11，…，25。点数越高，对应的光谱也就越平滑。因此可以看出，取得数据点数越多，那么相连的平均值就越接近，光谱也会变得越来越平滑。

光谱平滑一般都是从最小的点数开始，先从5点或者是7点开始平滑，当我们将平滑完的光谱与平滑前的光谱进行比较，观察样品光谱图尖峰的形状，若样品光谱的肩峰没有消失，那么光谱的分辨率也没有明显的下降，这样继续增加平滑的点数，直到信噪比满足要求。使用光谱平滑的预处理方法对光谱进行平滑后，光谱平滑的数据点数越多，那么我们得到的光谱高的分辨率也就越低。特别是当平滑的点数达到一定的数值时，光谱的有些尖峰也就消失了。随着光谱平滑的点数越来越大，吸收峰也变得越来越宽。

6.3 聚类分析

6.3.1 聚类分析的原理

无监督的模式识别通常采用聚类分析（Clustering Analysis，CA）方法。CA对没有明显标出类别的模式样本，根据每个样本间的相似程度进行分类，把某几个相似性多的样品分为一类，把基本上不具有相似性的分为另一类。这里所说的相似性不单单是指实物的显著特征，同样也包括经过抽象以后特征空间内的特征向量的分布状态。通过分析数据对象描述的取值来确定它的度量，数学模型如下[13]：

已知模式样本｛X｝有n个样本和K个模式分类｛S_j，j=1,2，…，K｝，每个样本有d个特征指标，即：

$$\boldsymbol{X}=\begin{bmatrix} X_{11} & X_{12} & \cdots & X_{1d} \\ X_{21} & X_{22} & \cdots & X_{2d} \\ \vdots & \vdots & \ddots & \vdots \\ X_{n1} & X_{n2} & \cdots & X_{nd} \end{bmatrix} \tag{6-1}$$

以每个模式样本到各自聚类中心的距离之和达到最小为标准，其目标函数为：

$$T=\min\sum_{j=1}^{K}\sum_{x\in sj}\left\|X-m_j\right\|$$

$$m_j=\frac{1}{\sum\limits_{i=1}^{1} y_{ij}}\sum_{i=1}^{n} y_{ij}X_i \tag{6-2}$$

式中，K是聚类数目，m_j是第j类样本（S_j）的均值向量$\sum\limits_{i=1}^{n} y_{ij}=1$，表示模式样本$i$只能分配给一个聚类中心，设置规则为：如果模式样本$i$分配给第$j$聚类中心，则$y_{ij}=1$，否则$y_{ij}=0$。

6.3.2 主成分分析

主成分分析（Principal Component Analysis，PCA）是化学计量学中非常重要的一种分析方法。它是一种比较古老的多元统计分析技术，在 1933 年 Hotelling 进一步对 PCA 进行了研究与发展。PCA 主要运用于化学的数据处理和计算，例如降维、变量的选择以及相关性、压缩，有时和别的方法一起联用对数据进行处理。

PCA 是把原来的多项指标，转化为少数几个相互之间无关的综合指标。与此同时，根据实际的情况，需要从其中选取几个比较少的综合指标，但是这几个综合指标又要能够尽可能多地反映原来的指标信息[14]。

把原始数据的 p 个指标进行线性拼合，并且把它们当作新的综合指标，在数学上的处理，就是把原来的 p 个变量线性组合，形成新的综合指标；选择的第一线性组合，就是第一个综合指标 Y_1（表示尽可能多反映原来样本指标的信息）；一般使用 Y_1 的方差来表达，方差越大，表明它包含有关样本的信息越多；在全部的线性组合中 Y_1 的方差应该是最大的，也称为第一主成分；若第一主成分不能够完全的表达出原来的指标信息，这时就需要考虑选取第二主成分 Y_2（也就是第二个线性组合），但是它也要满足 Cov（Y_1, Y_2）=0 的这个要求，以此类推，就可以算出第三或者第四主成分了，它们的方差依次减小，所以在实际的应用中，都只会挑选前几个主要成分[15]。

主成分分析的数学模型如下所述：

假设有 n 个样品的 p 个观测变量 X_1，X_2，X_3，…，X_p 构成一个 $n \times p$ 阶的数据阵：

$$\boldsymbol{X}=(X_1,\ X_2,\cdots,\ X_p)=\begin{bmatrix} X_{11} & X_{12} & \cdots & X_{1p} \\ X_{21} & X_{22} & \cdots & X_{2p} \\ \vdots & \vdots & \ddots & \vdots \\ X_{n1} & X_{n2} & \cdots & X_{np} \end{bmatrix} \tag{6-3}$$

其中：

$$\boldsymbol{X}_i=\begin{bmatrix} X_{1i} \\ X_{2i} \\ \vdots \\ X_{ni} \end{bmatrix},\ i=1,2,3,\ \cdots,p$$

记 X_1，X_2，X_3，…，X_p 为原来变量指标，Y_1，Y_2，…，Y_p 为新的变量指标，做线性组合得：

$$\begin{cases} Y_1=a_{11}X_1+a_{12}X_2+\cdots+a_{1p}X_p \\ Y_2=a_{21}X_2+a_{22}X_2+\cdots+a_{2p}X_p \\ \quad\vdots \\ Y_p=a_{p1}X_1+a_{p2}X_2+\cdots+a_{pp}X_p \end{cases} \tag{6-4}$$

简写为：

$$Y_j=a_{j1}X_1+a_{j2}X_2+\cdots+a_{jp}X_p,\ j=1,\ 2,\ \cdots,\ p \tag{6-5}$$

新的变量指标 Y_1，Y_2，…，Y_p 分别称为原来变量指标 X_1，X_2，X_3，…，X_p 的第一，第二，…，第 p 主成分。a_{ij} 称为主成分系数。a_{ij} 的确定原则是：主成分 Y_i 和 Y_j 之间没有任何关系，相互独立，互相没有重叠的信息。表示为

Cov（Y_i，Y_j）=0 （$i \neq j$，并且 $i, j=1$，2，…，p）。

主成分 Y_i 的方差是 X_1，X_2，X_3，…，X_p 的一切线组合中方差最大值；Y_2 是和 Y_1 不相关的 X_2，X_3，…，X_p 的所有线性组合中方差最大值；Y_3 是和 Y_1，Y_2 都没有关系的 X_1，X_2，X_3，…，X_p 的所有组合中方差最大值，以此类推[16]。即主成分的方差 Y_1 在总方差中的所占比例最大，Y_2，Y_3，Y_4 的方差依次递减，重要性也依次递减，表示为 Var（Y_1）≥Var（Y_2）≥…≥Var（Y_p）。

在实际问题分析中，一般都挑选前面几个的主成分，因为这样减少了变量的数目，同时抓住了主要的矛盾，使得变量与变量之间的关系简单化。

从上面的分析可以看出，找主成分就是确定原来变量 X_i（$i=1$，2，…，p）在各主成分 Y_j（$j=1$，2，…，p）上的载荷 ρ_{ij}（i，$j=1$，2，…，p），从数学的思考方式上来说就很好懂了，它们分别是 X_1，X_2，…，X_p 的相关矩阵的 k 个较大的特征值所对应的特征向量。

上述模型用矩阵表示为 $\boldsymbol{Y}=\boldsymbol{AX}$，其中：

$$\boldsymbol{Y}=\begin{bmatrix} Y_1 \\ Y_2 \\ \vdots \\ Y_p \end{bmatrix}, \boldsymbol{X}=\begin{bmatrix} x_1 \\ x_2 \\ \vdots \\ x_p \end{bmatrix} \tag{6-6}$$

$\boldsymbol{A}$ 称为主成分系数矩阵

$$\boldsymbol{A}=\begin{bmatrix} a_1 \\ a_2 \\ \vdots \\ a_p \end{bmatrix}=\begin{bmatrix} a_{11} & a_{12} & \cdots & a_{1p} \\ a_{21} & a_{22} & \cdots & a_{2p} \\ \vdots & \vdots & \ddots & \vdots \\ a_{p1} & a_{p2} & \cdots & a_{pp} \end{bmatrix} \tag{6-7}$$

6.4 实验过程

样品：国产优质花生油；劣质食用油（流动摊点长时间油炸且油炸多次的食用油）。

不同比例掺伪油样品的配制：以纯油样品为基础，掺入劣质油，得到不同含量劣质油的混合油，掺入劣质油的质量分数分别为 5 %、15 %、25 %、35 %、45 %、55 %、65 %、75 %、85 %、95 %，每个含量分别制样 25 个。

红外的测量方法有不同的方式，包括常规透射光谱法、ATR 光谱法、显微红外光谱法、光声光谱法、高压红外光谱法、漫反射光谱法等，本实验使用的是常规透射光谱法[17,18]。

6.5 结果与讨论

纯油、掺伪油、劣质油三种油在 4000～400 cm^{-1} 之间的红外吸收光谱分别如图 6-1、图 6-2、图 6-3 所示。

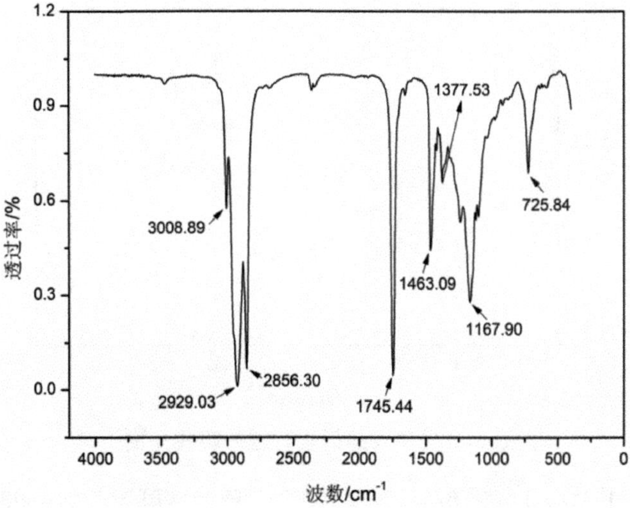

图 6-1 纯油的傅里叶红外吸收光谱

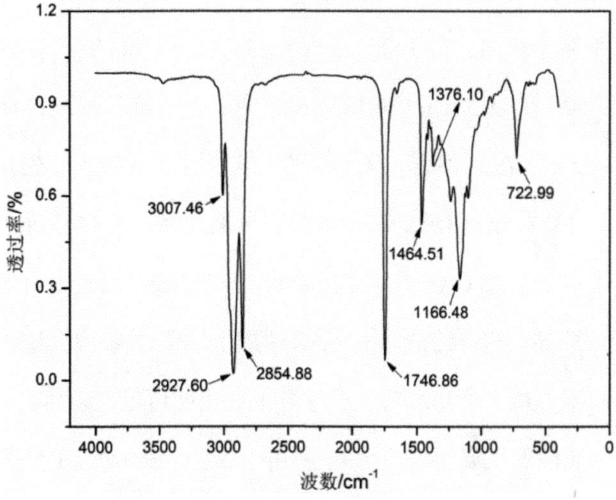

图 6-2 掺伪油的傅里叶红外吸收光谱

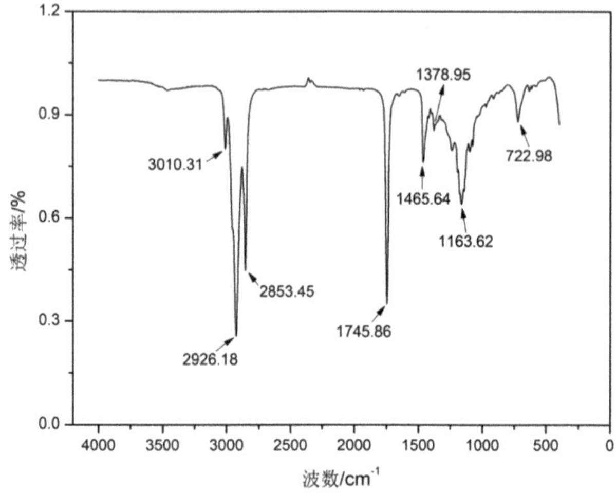

图 6-3 劣质油的傅里叶红外吸收光谱

由图 6-1、图 6-2、图 6-3 红外吸收光谱可知：在 4000～400 cm^{-1} 的波数范围内，纯油、掺伪油、劣质油的红外吸收光谱几乎完全相同。在 3008 cm^{-1} 附近处有不饱和碳链的 C-H 伸缩振动峰，在 2927 cm^{-1} 和 2854 cm^{-1} 附近处有饱和碳链 C-H 的伸缩振动峰，在 1745 cm^{-1} 附近处有 C=O 的伸缩振动峰，在 1464 cm^{-1} 和 1377 cm^{-1} 附近处有甲基的变形振动峰，在 1165 cm^{-1} 附近处有甘油三酯 C-O 的伸缩振动峰，在 722 cm^{-1} 附近处有顺式烯烃弯曲振动峰。纯油、掺伪油、劣质油的红外吸收光谱出现的特征吸收峰、峰形和峰位几乎相同。由此可见，纯油、掺伪油、劣质油的主要组成成分几乎相同。经过三种油品的红外谱图对比，无法直接从谱图上找出特定的吸收峰加以区分。采用红外谱图分析没有提取出有效的分类信息。需要对原始光谱进行预处理，提取出特征信息，然后利用化学计量学方法中的模式识别技术来予以判别。

（1）主成分分析

随机选取10个纯油样本、30个掺伪油样本（每个质量分数分别选取3个）、10个劣质油样本的红外光谱数据。首先将随机选取的红外光谱数据进行差分宽度为3的一阶导数预处理，以消除光谱数据背景的常数平移。然后进行主成分分析。三种油样本的红外光谱数据经主成分分析后，主成分PC1、PC2得分的二维散点图如图6-4所示。

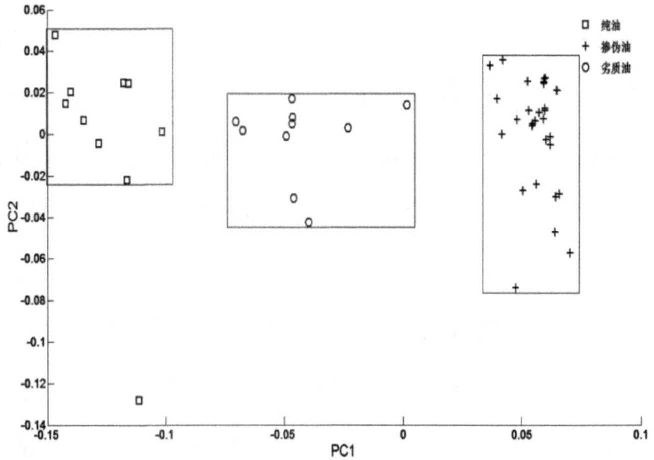

图6-4 主成分分类图

在主成分得分图中，每个点代表一个样品。从图 6-4 中很容易观察到，纯油的第一主成分得分小于-0.1，劣质油的第一主成分得分介于-0.1 和 0 之间，掺伪油的第一主成分得分大于 0。通过第一主成分分析成功地对三类油脂进行了鉴别区分。表明主成分分析能有效地将高维数据投影到低维空间，同时尽可能多地保留原变量的数据信息。主成分分析能有效地将三类油的光谱数据所包含的特征信息提取出来，这为油脂的品质鉴定、掺伪鉴别提供了一种简便、快捷的检测方法。

（2）非相关线性判别分析

随机选取 15 个纯油样本、150 个掺伪油样本、15 个劣质油样本进行建模，剩余的 10 个纯油样本、100 个掺伪油样本、10 个劣质油样本用来预测。通过多元散射校正方法对光谱进行预处理，运用 ULDA 对纯油、掺伪油、劣质油进行分类，预测样本分类效果如图 6-5 所示。

从图 6-5 的非相关判别矢量（UDV）值可以清楚地观察到，掺伪油的 UDV 值介于-288 和-287 之间，纯油的 UDV 值介于-287 和-286 之间，劣质油的 UDV 值大于-285，实现了很好的分类。掺伪油中只有一个样本分类错误，劣质油与

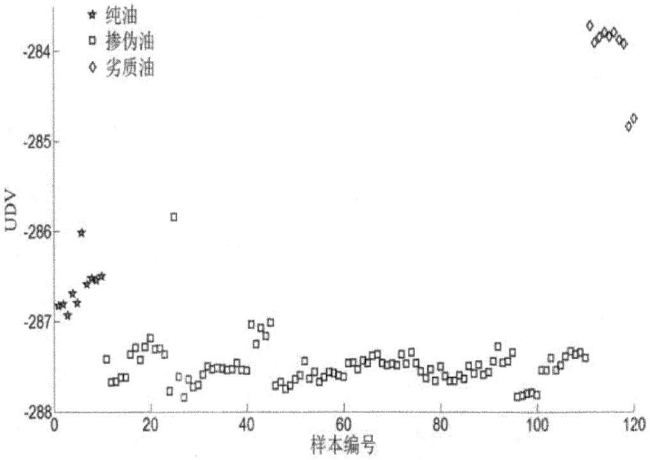

图 6-5 三种油品的分类结果图

纯油分类均正确，总体看来，ULDA 算法能够有效地找到很好的分类特征。纯油、掺伪油、劣质油通过 ULDA 算法得到了很好的区分，几乎具有 100%的灵敏度和 100%的特异性。因此，ULDA 算法为掺伪油的鉴定提供了一种有效的方法。

（3）欧氏距离聚类分析

欧氏距离是指 n 维空间中两个点之间的实际距离。假设每个样本都有 p 个指标，则每个样本可以看成 p 维空间的一个点。m 个样本就组成 p 维空间中的 m 个点。第 i 个样本与第 j 个样本之间的距离为：

$$d_{ij}=\sqrt{\sum_{k=1}^{p}\left(x_{ik}-x_{jk}\right)^2} \quad (i, j=1, 2, 3,\cdots,m) \qquad (6\text{-}8)$$

其中 p 为样本变量个数，m 为样本个数。d_{ij} 越小表示两个样本越亲近，反之则越疏远。

欧式距离聚类分析是根据 p 维空间中样本之间的欧氏距离来进行分类的。随机选取 10 个纯油样本（样本编号为 1 ~ 10）、30 个掺伪油样本（样本编号为 11 ~ 40）、10 个劣质油样本（样本编号为 41 ~ 50），运用欧式距离算法进行聚类分析，三种油品的聚类结果如图 6-6 所示。

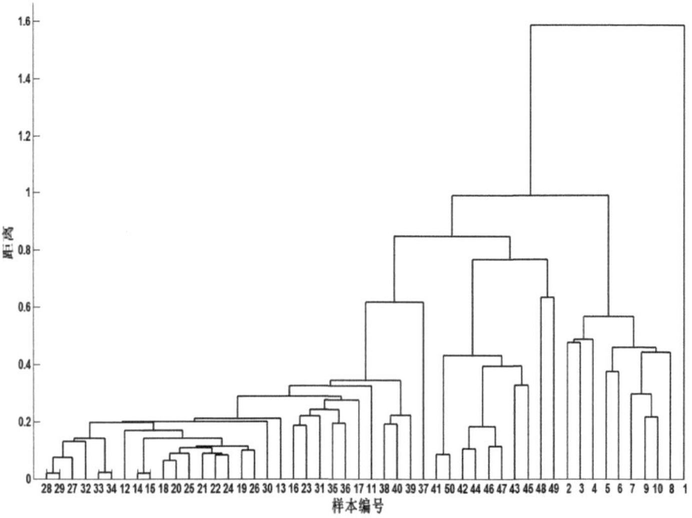

图 6-6 三种油品的欧氏距离聚类结果

由图 6-6 的聚类分析冰柱图可知，掺伪油样本（样本编号为 11~40）、劣质油样本（样本编号为 41~50）成功实现了聚类。从图中也可以看出纯油样本 1 号分类错误，并没有和其他纯油样本（样本编号为 2~10）聚为一类，而是单独成为一类。纯油样本分类正确率为 98%，其他油分类正确率为 100%。在误差允许的范围内，运用欧式距离可以得到很好的聚类分析结果。此聚类结果表明，运用欧式距离算法能够提取到有效的分类信息，能够有效地体现出纯油、掺伪油、劣质油间的差异。这种聚类方法对于油脂的种类鉴别、品质鉴定、质量控制具有重要的意义和应用价值。

参考文献

[1] Zhang Q, Saleh A S M, Shen Q. Discrimination of Edible Vegetable Oil Adulteration with Used Frying Oil by Low Field Nuclear Magnetic Resonance[J]. Food & Bioprocess Technology, 2013, 6(9): 2562-2570.

[2] 王展，方积年. 高场核磁共振波谱在多糖结构研究中的应用[J]. 分析化学, 2000, 28(2):240-247.

[3] 申云刚，肖竹青，陈舜胜,等. 低场核磁共振法快速检测炸油质量[J]. 食品科学技术学报, 2013, 31(5): 37-42.

[4] Blatt C R, Ciola R. Analysis of vetiver essential oil by

supercritical fluid extraction and on-line capillary gas chromatography[J]. Journal of Separation Science, 2015, 14(11): 775-777.

[5] Bicchi C, D Amato A, Frattini C, et al. Some applications of multidimensional gas chromatography to the enrichment of minor components in essential oil analysis[J]. Journal of Separation Science, 2015, 12(11): 705-708.

[6] Hossain M A, Salehuddin S M. Polycyclic aromatic hydrocarbons (PAHs) in edible oils by gas chromatography coupled with mass spectroscopy[J]. Arabian Journal of Chemistry, 2012, 5(3): 391-396.

[7] 吴全金，董青华，孙威江．基于傅里叶红外光谱的多茶类判别研究[J]．茶叶科学, 2014, 34(1): 63-70.

[8] Hu L Q, Yin C, Ma S, et al. Assessing the authenticity of black pepper using diffuse reflectance mid-infrared Fourier transform spectroscopy coupled with chemometrics[J]. Computers and Electronics in Agriculture, 2018(154): 491-500.

[9] Chylińska M, Szymańska-Chargot M, Kruk B, et al. Study on dietary fibre by Fourier transform-infrared spectroscopy

and chemometric methods[J]. Food Chemistry, 2016(196): 114-122.

[10] Kurniawati E , Rohman A , Triyana K . Analysis of lard in meatball broth using Fourier transform infrared spectroscopy and chemometrics[J]. Meat Science, 2014, 96(1): 94-98.

[11] 王振杰, 曹珍, 赵建成,等. ATR-FTIR 结合化学计量学方法快速鉴别 15 种远志药材[J]. 中药材, 2017, 40(4): 807-810.

[12] 丁轻针, 刘玲玲, 武彦文,等. 基于 FTIR 的芝麻油真伪鉴别和掺伪定量分析模型[J]. 光谱学与光谱分析, 2014, 34(10): 2690-2695.

[13] 苏洪雨. 基于聚类分析和多模型的传感器建模及其应用研究[D]. 哈尔滨：东北林业大学, 2010.

[14] 黄芳. 近红外光谱分析技术在药品分析中的应用研究[D]. 长春：吉林大学，2004.

[15] 卢小泉，陈晶，周喜斌. 化学计量学研究方法[M]. 北京：科学出版社，2003：234-245.

[16] 韩明. 基于近红外光谱技术食品检测软件开发及其应用研究[D]. 成都：电子科技大学, 2013.

[17] 姚鑫淼，张瑞英，李霞辉,等. 近红外透射光谱法(NITS)分析大豆品质的研究[J]. 大豆科学，2006，25(4):417-420.

[18] 陈晨. 近红外光谱技术在复方苦参注射液质量控制中的应用[D]. 杭州：浙江大学, 2012.